国学经典丛书
名家点评本

小窗幽记

[明]陈继儒 著
朱良志 点评

长江出版传媒
长江文艺出版社

图书在版编目（CIP）数据

小窗幽记 /（明）陈继儒著 ; 朱良志点评. -- 武汉 :
长江文艺出版社, 2019.6(2023.9 重印)
（国学经典丛书. 第二辑）
ISBN 978-7-5702-0431-1

Ⅰ. ①小… Ⅱ. ①陈… ②朱… Ⅲ. ①人生哲学—中
国—明代 Ⅳ. ①B825

中国版本图书馆 CIP 数据核字(2018)第 102138 号

责任编辑：周　阳　　　　责任校对：毛季慧
封面设计：新华智品　　　　责任印制：邱　莉　　王光兴

出版：长江出版传媒 | 长江文艺出版社
地址：武汉市雄楚大街 268 号　　邮编：430070
发行：长江文艺出版社
http://www.cjlap.com
印刷：三河市百盛印装有限公司

开本：880 毫米×1230 毫米　1/32　　印张：8.375
版次：2019 年 6 月第 1 版　　2023 年 9 月第 2 次印刷
字数：100 千字

定价：75.00 元

总 序

郭齐勇 武汉大学国学院院长

国学大师钱穆先生曾说“今人率言‘革新’，然革新固当知旧”。对现代人尤其是青年一代来说，缺乏的也许不是所谓的“革新力量”，而是“知旧”，也即对传统的了解。

中国文化传统的源头，都在中国古代经典当中。从先秦的《诗经》《易经》，晚周诸子，前四史与《资治通鉴》，骚体诗、汉乐府和辞赋，六朝骈文，直到唐诗、宋词、元曲和明清小说，在传统经典这条源远流长的巨川大河中，流淌着多少滋养着我们精神的养分和元气！

《说文解字》上说“经”是一种有条不紊的编织排列，《广韵》上说“典”是一种法、一种规则。经与典交织运作，演绎中国文化的风貌，制约着我们的日常行为规范、生活秩序。中国文化的基调，总体上是倾向于人间的，是关心人生、参与人生、反映人生的，当然也是指导人生的。无论是春秋战国的诸子哲学，汉魏各家的传经事业，韩柳欧苏的道德文章，程朱陆王的心性义理；还是先民传唱的诗歌，屈原的忧患行吟，都洋溢着强烈的平民性格、人伦大爱、家国情怀、理想境界。尤其是四书五经，更是中国人的常经、常道。这些对当下中国人治国理政，建构健康人格，铸造民族精魂都具有重要意义。经典是当代人增长生命智慧的源头活水！

长江文艺出版社历来重视中华民族优秀传统文化的传播及普及，近年来更在阐释传统经典、传承核心文化价值、建构文化认同的大纛下努力向中国古典文化的宝库掘进。他们欲推出《国学经典丛书》，殊为可喜。

怎么样推广这些传统文化经典呢？

古代经典和现代读者的阅读习惯及趣味本来有一定差距，如果再板起面孔、高高在上，只会让现代读者望而生畏。当然，经典也不是任人打扮的小姑娘，一味将它鸡汤化、庸俗化、功利化，也会让它变味。最好的办法就是，既忠实于经典的原汁原味，又方便读者读懂经典，易于接受。在这个原则的指导下，《国学经典丛书》首先是以原典为主，尊重原典，呈现原典。同时又照顾现实需要，为现代读者阅读经典扫除障碍，对经典作必要的字词义的疏通。这些必要精到的疏通，给了现代读者一把迈入经典大门的钥匙，开启了现代读者与古圣先贤神交的窗口。

放眼当下出版界，传统文化出版物鱼目混珠、泥沙俱下，诸多出版商打着传承古典文化的旗号，曲解经典，对现代读者尤其是广大青少年认知传承经典起了误导作用。有鉴于此，长江文艺出版社推出的《国学经典丛书》特别注重版本的选取。这套丛书大多数择取了当前国内已经出版过的优秀版本，是请相关领域的名家、专业人士重新梳理的。这些版本在尊重原典的前提下同时兼顾其普及性，希望读者能有一次轻松愉悦的古典之旅。

种种原因，这套丛书必然会有缺点和疏漏，祈望方家指正。

出版前言

传统中国有大量的启蒙读物，编写这些读物的用意，各有所重：《百家姓》，了解我们的生命根源；《千字文》，学习我们以儒家为中心的思想基础；《唐诗三百首》，品味我们民族最有意味的诗歌；《菜根谭》，对为人处世做事提供某些参考的智慧……在这些读物中，《小窗幽记》则不同，其他读物相对来说内容比较实，而这部作品内容比较杂，也比较虚，它共分十二集，所涉及的醒、情、峭、灵、素、景、韵、奇、绮、豪、法和倩等，主要属于精神范围的内容，涉及中国文化的多方面因素，是一部了解中国文化精神、尤其是中国古代文人趣味的重要读物。

这本汇集着中国古代文人多方面言论事迹的杂纂，重点在表现人的生命格调、生活情调以及审美趣味上。虽然有一些观点今天已经过时，编者的态度谈不上严谨，它主要是辑录前人有关精神生活的内容，加以编排，抽绎出需要强调的精神内涵。算是一本“轻读物”（但与今天网络上流行的“软文”截然不同），但从总体上来说，这是读懂传统中国人内在精神世界的一本重要读物，对于我们辨析中国文化的“精神基因”具有重要参考价值。这里凝聚着近三千年来中国人优美、优雅、崇高生命理想的篇章。文字优美，编纂者也是有情怀、有格调的文人，更增添了此作的感染力。如此作提倡晋人的气格、唐人的大度、宋人的精致以及明人的萧散，反对乡愿、足恭、虚与委蛇的做人方式，没有沾染上那些“古久气”、教化气、酸腐气，显现出与正宗的、古板的、僵化的思想完全不同的思路，其中处处透出一种灵动活络的意味。读之常常使人不自觉对照自己当下的所为，掩卷思量，直击灵府。我甚至认为，将此书置之左右，时时翻检，必有所得。其中氤氲着一种悠然的艺术趣味，还有一种冷峻的生存智慧，当我们寂寞时，遇到一些不快，甚或挫折时，拿起它，可能给我们的心灵吹来一缕意想不到的清风。

《小窗幽记》，现在所见的最早版本，刻于乾隆三十五年(1770)，具名为陈继儒所纂集。前有乾隆三十五年陈本敬序，序言称：“眉公先生，负一代盛名，立志高尚，著述等身，曾集《小窗幽记》以自娱。”陈继儒（1558—1639），字仲醇，一字眉公，华亭（今属上海）人，是明代后期著名书画家、文学家，与董其昌相善。生平有大量著作。其存世文献中，没有任何记载，他曾经编写过这部作品。

而明天启四年（1624），曾有名为《醉古堂剑扫》的刻本传世，为四色套印本，共十二卷，次第与《小窗幽记》相同，其中文字，也与《小窗幽记》大体相近。中国国家图书馆善本部藏有此书初刊本（仅七卷，佚五卷）。此书后传至日本，并广为流行，有嘉永六年、明治十三年、明治四十一年等多种刻本，内容完整。署为陆绍珩所辑。前有陆绍珩自序，先后有任大治于金陵白云冷署写的“剑扫引”、汝调鼎石臣父题于灵谷寺精舍之序、绍珩妻兄履吉及倪煌之序、其兄绍琏所写之引等。陆绍珩（生卒年不详），字湘客，苏州松陵人，天启年间（1621—1627）曾在北京。

由此可见，今传本《小窗幽记》，实是清乾隆年间刻书家，在原《醉古堂剑扫》基础之上，删改一些条目，更改部分文字，变换书名（可能原书名过于刻露），托名晚明文章大家陈继儒而传世。故此，《小窗幽记》的主要内容应该为明人陆绍珩所辑①。

这次出版，保留了《小窗幽记》之名，不仅因此名在清中期以来流传广泛，也在于此名与本部作品内容比较切合。为了不给阅读带来更多的纷扰，全文保留了《小窗幽记》的内容，个别文字错误，参照《醉古堂剑扫》作了修改。为了阅读方便，这次出版增加了注释和解说的文字，欢迎读者批评指正。

① 请参成敏教授《从〈醉古堂剑扫〉到〈小窗幽记〉——版本变化及其背后的文化风尚变迁》，《中国文化研究》，2014年冬之卷。

目　　录

卷一　集醒

食中山之酒，一醉千日。

今之昏昏逐逐，无一日不醉：趋名者醉于朝，趋利者醉于野，豪者醉于声色车马。安得一服清凉散，人人解醒。集醒第一。①

1.1　倚高才而玩世，背后须防射影之虫；饰厚貌以欺人，面前恐有照胆之镜。

[解读]　高才玩世，以为自己的才能高于世人，就恃才傲物，玩世不恭。自古以来，有才终被才情误，当你逞强霸凌之时，背后正有人在暗算你。

饰厚貌以欺人，高自标置，伪装自己，欺骗世人。然世流有明镜，能把你的真实形象照出来，谁能真正将自己藏起来呢！

1.2　怪小人之颠倒豪杰，不知惯颠倒方为小人；惜吾辈之受世折磨，不知惟折磨乃见吾辈。

[解读]　有一种人自己没有做出什么成就，就怪这怪那，世上太多的沟坎，太多的风浪，他不知道。看似平常真奇崛，成如容易却艰辛。宝剑锋自磨砺出，梅花香自苦寒来。世界多“颠倒”，崎岖的山路在你的面前延伸，只有真正的勇士才能视之无畏，坚韧不拔，到达巅峰，才能称为真正的“豪杰”。

---

① 《醉古堂剑扫》此处原文为：“食中山之酒，一醉千日。今世昏昏逐逐，无一日不醉，无一人不醉。趋名者醉于朝，趋利者醉于野，豪者醉于声色车马，而天下竟为昏迷不醒之天下矣。安得一服清凉散，人人解醒。”《小窗幽记》作了修改。

惜吾辈之受世折磨，不知惟折磨乃见吾辈，一如孔子所说："岁寒然后知松柏之后凋也。"又如孟子所说："故天将降大任于斯人也，必先苦其心志，劳其筋骨，饿其体肤，空乏其身，行拂乱其所为；所以动心忍性，曾益其所不能。"

1.3　花繁柳密处拨得开，才是手段；风狂雨急时立得定，方见脚根。

[解读]　花繁柳密，太多诱惑人的东西，美色、醇酒、金钱、权利、地位，等等，人要想"拨得开"真是不容易，只有真"手段"，才能在欲海里保持本色。

人生哪能都是风平浪静，世界没有那么多静静的港湾，"风狂雨急"本是人间平常事，处处站得稳，才是真英雄。像郑板桥诗所说的："咬定青山不放松，立根原在破岩中。千磨万击还坚劲，任尔东西南北风。"

1.4　淡泊之守，须从秾艳场中试来；镇定之操，还向纷纭境上勘过。

[解读]　淡泊的操守，往往在秾（nóng）艳场中才能显示出来，并不一定要逃到远离世俗的地方，才能心中淡然。清净的莲花往往在污泥浊水中绽放。佛经上说得好："一切烦恼皆如来所赐。"

沧海横流，方显出英雄本色。心灵的平静，往往在纷纭复杂的世态中炼就。勘过，即走过，经历过。

1.5　市恩不如报德之为厚，要誉不如逃名之为适，矫情不如直节之为真。

[解读]　市恩，意同"卖恩情"。有恩于人，必求回报，虽帮助别人，却因有功利目的而显露出寡德。滴水之恩，必涌泉相报，则是厚德之人。二者相比，层次有别。

要誉，即“邀誉”。没做出什么成就，却希望别人赞誉自己，沽名钓誉，为名利所累。“逃名”，有所成就，却视名利为粪土。二者胸次截然不同，后者比前者有更多的适意。

矫情，虚情假意，言不由衷，粉饰言行，败絮其里，此类人难以取信于人。直节，有志节，有骨气，不谄媚，不为五斗米折腰。此与矫情之徒有天壤之别。

1.6 使人有面前之誉，不若使人无背后之毁；使人有乍交之欢，不若使人无久处之厌。

[**解读**] 乍交：短暂的交往。

和人长久的相处，能够始终不令人讨厌，相互增益，实在不易，这等平常事，却并不是一般人能做到的。

1.7 攻人之恶毋太严，要思其堪受；教人以善毋过高，当原其可从。

[**解读**] 批评人和教育人，要有帮助人的起点，要考虑别人是不是能接受，这是区分善意批评和恶意批评的重要标准。

教人做好事，不要给人定下像圣人的标准，要体谅别人有一个改正错误、渐渐向善的过程。

1.8 不近人情，举世皆畏途；不察物情，一生俱梦境。

[**解读**] 人情和物情，都关乎我的情。不近人情，并不代表你有情。刻薄，狠毒，残忍，往往都是从不近人情中产生。

料得青山应似我，识得万物皆有情，人要有同情万物的心情。王夫之说得好：“君子之心，有与天地同情者，有与禽鱼草木同情者，有与女子小人同情者，有与道同情者。”

1.9 遇默默不语之士，切莫输心；见悻悻自好之徒，应须防口。结缨整冠之态，勿以施之焦头烂额之时；绳趋尺步之规，勿以用之救死扶危之日。

［解读］ 默默不语，沉默寡言。输心，向对方袒露自己的内心。因为这类人莫测高深，其中多有陷阱，不得不小心。

悻悻自好，喜欢自吹自擂，对别人不存关心，和这种人推心置腹，不但对自己没有帮助，可能会招致祸殃。

当焦头烂额的紧急关头，你还是慢条斯理，按部就班，会带来大的危难。

而在救死扶危的关键节点，你还墨守成规，如此机械之举，实际是在戕害生命。

1.10 议事者身在事外，宜悉利害之情；任事者身居事中，当忘利害之虑。

1.11 俭，美德也，过则为悭吝，为鄙啬，反伤雅道；让，懿行也，过则为足恭，为曲谦，多出机心。

［解读］ 即使是做好事，也要有一个度，把握不好，就会滑向反面。俭朴固然好，但过分了，就会流于悭（qiān）吝，流于寒酸。

谦让是人美好的品德，但过分了就会使人感到不够诚恳，曲意逢迎，这样时间久了，会落入好盘算、多机心的窠臼。孔子说：“巧言、令色、足恭，左丘明耻之，丘亦耻之。”足恭，过度谦敬，以取媚于人。

1.12 藏巧于拙，用晦而明；寓清于浊，以屈为伸。

［解读］ 藏巧于拙，老子说：“大巧若拙。”最高的巧，就是不巧。

用晦，是《周易》提倡的重要思想。一阴一阳之谓道，隐藏中有大智慧。

1.13 彼无望德，此无示恩，穷交所以能长；望不胜奢，欲不胜厌，利交所以必忤。

［解读］ 穷交和利交原是两种截然不同的交友方式，穷交能长，利交不仅不长，而且可能孕育着灾难，于交友之道，人不可不审。厌，满足。忤，违背。

1.14 怨因德彰，故使人德我，不若德怨之两忘；仇因恩立，故使人知恩，不若恩仇之俱泯。

［解读］ 以德报怨，使人觉得我有德行，固然不错，但不如将德和怨都忘却。

1.15 天薄我福，吾厚吾德以迓之；天劳我形，吾逸吾心以补之；天厄我遇，吾亨吾道以通之。

［解读］ 天薄我福，吾厚吾德以迓之：意思是我生无福，总是不顺，在这种情况下，怪天吗？怪天是没有用的，惟有积德，方能去逆得顺。迓，迎。

天劳我形，吾逸吾心以补之：人生有太多的艰苦，使我疲于奔命，处此艰苦之时，须以淡然之心待之，不能自暴自弃，怨天尤人。

天厄我遇，吾亨吾道以通之：人生或许会遇到灾难，处此之时，必须立定心志，以足够的智慧和努力去逢凶化吉。

1.16 淡泊之士，必为秾艳者所疑；检饰之人，必为放肆者所忌。事穷势蹙之人，当原其初心；功成行满之士，要观其末路。

好丑心太明，则物不契；贤愚心太明，则人不亲。须是内精明而外浑厚，使好丑两得其平，贤愚共受其益，才是生成的德量。

[解读]　检饰之人：为人严谨。

势蹙之人：穷困潦倒之人。

原其初心：就是了解人生原来就是充满了不平，要淡然处之。功成行满之士，要观其末路，意思是亢龙有悔，月满有缺，跳得太高，就会跌得更狠，所以凡事不可太追求完满，不能太过分。

好丑心太明，则物不契，意思是一个人如果好恶的观念太强，人们是无法和你相处的，所谓水至清则无鱼。

1.17　好辩以招尤，不若讱默以怡性；广交以延誉，不若索居以自全；厚费以多营，不若省事以守俭；逞能以受妒，不若韬精以示拙。费千金而结纳贤豪，孰若倾半瓢之粟以济饥饿；构千楹而招徕宾客，孰若葺数椽之茅以庇孤寒。

[解读]　好辩以招尤：喜欢辩论而招来人的非议。尤，责备。

讱默：沉默宁静。

怡性：怡养性情。

广交以延誉：交友广泛，使得自己的声名远播。

索居以自全：闭门索居，以求保全自身。

逞能以受妒：喜欢显示自己有能耐，引起人们的嫉妒。

韬精以示拙：韬光养晦以养拙。

费千金而结纳贤豪，孰若倾半瓢之粟以济饥饿。但世界上偏偏这样的情况多："锦上添花天下是，雪中送炭有几家"。

构千楹：建设华美的房屋。

葺：修葺。

数椽之茅：几间茅屋。

1.18　恩不论多寡，当厄的壶浆，得死力之酬；怨不在浅

深，伤心的杯羹，召亡国之祸。

[解读]　当厄的壶浆：正在穷困潦倒之时，饥饿万分，这时一壶热水，也能暖我心房，所以帮人不在礼物重。

怨不在浅深，伤心的杯羹，召亡国之祸。这里指《左传》中所载的故事，郑国的卿大夫子公觐见国君灵公时，以为灵公会赐以鼋羹，而灵公却故意不予，子公大怒，染指尝食而后去，双方结下深怨。最后子公联合人谋反，杀掉了郑灵公。

1.19　仕途虽赫奕，常思林下的风味，则权势之念自轻；世途虽纷华，常思泉下的光景，则利欲之心自淡。

[解读]　仕途赫奕：仕途顺达，地位显赫。林下风味，即是山林野处的风味，所谓“悠然清远，自有林下一种风流”。

世事纷纷，充满了诱惑，人久处其间，易生欲望之心，所以思泉下光景，使自己淡然自处，去欲望之念。

1.20　居盈满者，如水之将溢未溢，切忌再加一滴；处危急者，如木之将折未折，切忌再加一搦。

[解读]　这一条受到了老子“谦受益满招损”理论的影响。

搦（nuò）：摁。

1.21　了心自了事，犹根拔而草不生；逃世不逃名，似膻存而蚋还集。

[解读]　了心自了事，了心是说心灵明白，悟出世事的道理，自然知道处世的分寸。

逃世不逃名，对于这种人，这里用了一个比喻，这种人故作高雅，但是还有一些膻味，上面还积聚着许多虫子，真恶心。

蚋（ruì），吸血的小虫。

1.22 情最难久，故多情人必至寡情；性自有常，故任性人终不失性。

1.23 才子安心草舍者，足登玉堂；佳人适意蓬门者，堪贮金屋。喜传语者，不可与语；好议事者，不可图事。

［解读］ 高贵的人安心茅舍之中，却有登庙堂的才能。美丽的人安处于寒门之中，却有金屋藏娇的才德。

那些喜欢传话的人，和喜欢议论别人的人，都是一些是非人，不能和这样的人相处，不能与他们在一起做事。

1.24 甘人之语，多不论其是非；激人之语，多不顾其利害。

［解读］ 甘人之语，形容甜美的语言，说到人的心坎上。

激人之语，激发人的语言，催人奋进，这样的话大多是直率的真诚的话。

1.25 真廉无廉名，立名者所以为贪；大巧无巧术，用术者所以为拙。

［解读］ 真正廉洁的人，不是为了廉洁的名声，如果意味在于自己的廉洁好名声，这样的人还有贪念。

最有智慧的人，不弄机心，如果弄机心，多巧术，还是愚笨之徒。

1.26 为恶而畏人知，恶中犹有善念；为善而急人知，善处即是恶根。

［解读］ 做了坏事怕人知道，因为他还有愧意，还有一点廉耻心。廉耻心是人之所以称为人的基础。做了善事，就怕别人不知道，这样的

人性灵中还是有恶根的。

1.27 谈山林之乐者，未必真得山林之趣；厌名利之谈者，未必尽忘名利之情。

［解读］ 听其言，更要观其行，言是一回事，行是另外一回事。

1.28 从冷观热，然后知热处之奔驰无益；从冗入闲，然后觉闲中之滋味最长。

1.29 贫士能济人，才是性天中惠泽；闹场能笃学，方为心地上工夫。

［解读］ 性灵上的工夫，是根子上的工夫，并不是虚有其表，所以一个人要于心地上下功夫，而不要热心于那些表面文章。

1.30 伏久者，飞必高；开先者，谢独早。

1.31 贪得者身富而心贫，知足者身贫而心富；居高者形逸而神劳，处下者形劳而神逸。

1.32 局量宽大，即住三家村里，光景不拘；智识卑微，纵居五都市中，神情亦促。

1.33 惜寸阴者，乃有凌铄千古之志；怜微才者，乃有驰驱豪杰之心。

［解读］ 凌铄：跨越，超越。一寸光阴一寸金，寸金难买寸光阴。所以古人说："迟迟白日晚，嫋嫋秋风生。岁华尽摇落，芳意竟何成。"

1.34 天欲祸人，必先以微福骄之，要看他会受；天欲福人，必先以微祸儆之，要看他会救。

1.35 书画受俗子品题，三生浩劫；鼎彝与市人赏鉴，千古奇冤。脱颖之才，处囊而后见；绝尘之足，历块以方知。

［解读］ 佳人配才士，宝马赠英雄。一个俗不可耐的人对你的文章赞不绝口，实在是你的灾难；只知道从金钱的角度看艺术作品，实际上是对艺术的荼毒。

脱颖之才，处囊而后见。用的是毛遂自荐的故事。

历块，指经历。“绝尘之足历块以方知”，说的是事非经历不知难的意思。

1.36 结想奢华，则所见转多冷淡；实心清素，则所涉都厌尘氛。多情者不可与定妍媸，多谊者不可与定取与；多气者不可与定雌雄，多兴者不可与定去住。

［解读］ 妍媸：美丑。一个人过于多情，往往判分事情美丑的标准可能就会出问题。

多谊者：就是那种滥交朋友的人，实际上这种人没有真正的朋友。

1.37 世人破绽处，多从周旋处见；指摘处，多从爱护处见；艰难处，多从贪恋处见。

1.38 凡情留不尽之意，则味深；凡兴留不尽之意，则趣多。

［解读］ 言有尽而意无穷，这是中国人的欣赏习惯，所以中国人在艺术欣赏中推崇含蓄，只有含蓄的艺术，才能唤起人超出于形式之外的意蕴。

1.39 待富贵人，不难有礼，而难有体；待贫贱人，不难有恩，而难有礼。

[解读] 这两点都是做人的难点，但一个有品格的人必须在此多留意。人穷志不能穷，和富贵的人相交，贵在有体，体就是品格。孔子赞子路："衣敝缊袍，与衣狐貉者立，而不耻者，其由也与！"

1.40 山栖是胜事，稍一萦恋，则亦市朝；书画赏鉴是雅事，稍一贪痴，则亦商贾；诗酒是乐事，稍一徇人，则亦地狱；好客是豁达事，稍一为俗子所挠，则亦苦海。

[解读] 徇人：过分的顺从别人，指和那些酒徒混在一起。

这一条说的是做什么事情都要有度，过了度，好事也有可能走向它的反面。如喜欢书画固然是好事，但要是过分了，就有可能流于俗。另外，为人要有准则，太随和也不好。

1.41 多读两句书，少说一句话。读得两行书，说得几句话。看中人，在大处不走作；看豪杰，在小处不渗漏。

[解读] 这里说观人的方法，看平常人，要看他的大节，大节不亏，这样的人是一个可处的人。看一个英雄豪杰，他本来就是在大处体现其人格的风范而获得世名的，看这样的人，要注意他的细节，往往通过细节可以辨别出他是不是一个真的豪杰。

1.42 留七分正经以度生，留三分痴呆以防死。

[解读] 人在这个世界上，不能缺少通达，因为世界多风浪，如果太较真，人活得太苦，所以有时要睁一只眼，闭一只眼。

1.43 轻财足以聚人，律己足以服人，量宽足以得人，身先足以率人。

1.44 从极迷处识迷，则到处醒；将难放怀一放，则万境宽。

1.45 大事难事看担当，逆境顺境看襟度，临喜临怒看涵养，群行群止看识见。

[解读] 担当，是说人的责任感，以及担当责任的能力。襟度，即胸襟气度，中国文化强调人应该心胸宽广而豁达。涵养，能涵容，不愠怒。群行群止，指的是世俗的风气忽而热，忽而冷，人如何在变化世风中保持自己的独立，这就要看一个人的识见了。

1.46 安详是处事第一法，谦退是保身第一法，涵容是处人第一法，洒脱是养心第一法。

1.47 处事最当熟思缓处。熟思则得其情，缓处则得其当。

1.48 必能忍人不能忍之触忤，斯能为人不能为之事功。

1.49 轻与必滥取，易信必易疑。

[解读] 轻易给予别人的人，往往贪念多；容易相信别人的人，也容易怀疑别人。

1.50 积丘山之善，尚未为君子；贪丝毫之利，便陷于小人。

[解读] 做善事易，放弃求善的名难，你累世积善，如果不能放

下求善的欲望，则不能称为真君子。一个人做好事容易，难的是一辈子做好事，若你有一事贪图自己的利益，就落入了小人陷阱。

1.51 智者不与命斗，不与法斗，不与理斗，不与势斗。

1.52 良心在夜气清明之候，真情在箪食豆羹之间。故以我索人，不如使人自反；以我攻人，不如使人自露。

[解读] 箪食豆羹之间，就是粗茶淡饭。自反，意为自我反省。攻人，不是攻击人，此“攻”如攻玉之攻，攻治，雕刻。

1.53 侠之一字，昔以之加义气，今以之加挥霍，只在气魄气骨之分。

[解读] 只有侠的胆量和招式，没有侠的气格和风骨，只能落于粗莽。

1.54 不耕而食，不织而衣，摇唇鼓舌，妄生是非，故知无事人好生事。

[解读] 这一条的意思为“无事生非”。

1.55 才人经世，能人取世；晓人逢世，名人垂世；高人玩世，达人出世。

[解读] 不光在能力上出类拔萃，更有施展这些能力的胸襟和智慧，这可称为才俊。有知识，有能力，但只知索取，不知贡献自己，缺乏为人的品格，这只能称为能人。

那些遇到合适的机会，可以做出一时事业的人，只能称为晓人。而做出一世功业，并能垂范后代的人，这样的人可以称为名人。

有能力，有地位，但不思为社会做贡献，这样的人，只能说是高人。

而那些有不世的才华，却能淡然自处，这样的人可称为达人——通达世情的人。

1.56　宁为随世之庸愚，勿为欺世之豪杰。

［解读］　“宁为随世之庸愚”在古代中国，被当作一种处世的智慧，古人有所谓“沧浪之水清兮，可以濯吾缨。沧浪之水浊兮，可以濯吾足”。庸愚，遁世无闷，淡然自处。

1.57　沾泥带水之累，病根在一“恋”字；随方逐圆之妙，便宜在一“耐”字。

［解读］　拖泥带水，就不能做一个清爽的人，因为有贪图、有杂念。

随的方，就的圆，与世优游，无所忤逆，时间短，或可为之，时间一长，很多人就难以持续，关键在人的耐性、韧劲。

1.58　天下无不好谀之人，故谄之术不穷；世间尽善毁之辈，故谗之路难塞。

［解读］　世风是由多方面因素造成的。有喜欢拍马逢迎的人，世界上的谄媚和阿谀就会层出不穷。有贪图财利之人，就难堵贿赂之路。

1.59　进善言，受善言，如两来船，则相接耳。

［解读］　这条用形象比喻说明善意是需要理解的，是建立在两心相通的基础之上的。人心不通，善意的路也会堵塞。

1.60　清福上帝所吝，而习忙可以销福；清名上帝所忌，而得谤可以销名。

［解读］　上天是不轻易给人清闲的机会，总是让人忙碌，生命似

乎就是忙碌的过程，然而忙碌也有好处，它可以帮助人忘却追求福分的企图。

上天又不是轻易给人清名令誉，人生在世不免受人讥讽，为人攻讦(jié)，招人诽谤，但这也有好处，它可以帮助人改掉好名好利的坏毛病。

1.61　造谤者甚忙，受谤者甚闲。

[解读]　诽谤别人的人，明处在盘算，暗地在计量，心中哪里有安宁。

而被诽谤的人，如果能视之若清风届耳，自有清闲。

1.62　蒲柳之姿，望秋而零；松柏之质，经霜弥茂。

[解读]　岁寒然后知松柏之后凋也，崇高的品质是在艰难之中磨练出来的，温室里的花朵没有野花那种特有的芬芳。

《世说新语·言语》："顾悦与简文同年而发早白，简文曰：'卿何以先白？'对曰：'蒲柳之姿，望秋而落；松柏之质，经霜弥茂。'"

1.63　人之嗜名节，嗜文章，嗜游侠，如好酒然，易动客气，当以德消之。

[解读]　节操，是有节制的操守。人最怕做事贪图心重，没有节制。功业之途，贪图名节；文学之士，不谙世事，总在书卷中；好勇之人，喜欢游侠四方而荒废人生。这就像喝酒，偶然小酌，于身体，于情趣，都是好事，然发展到嗜酒如命，这就既害了自己的身体，又害了自己身边的人。

故而这些贪图而无节制的行为，会损害自己接触世界的血气之性(客气)，对于这样的人，应该提高修养，培植自己的德行。

1.64　好谈闺阃，及好讥讽者，必为鬼神所忌，非有奇祸，

必有奇穷。

[解读] 闺阃：闺闱，这里指闲言碎语。一个喜欢在背后议论别人的人，不怀善意、喜欢讥讽别人的人，这样的人天怒人怨，一定不会有好下场。

1.65 神人之言微，圣人之言简，贤人之言明，众人之言多，小人之言妄。

[解读] 上天的神示微妙难测，圣人的语言言简意深，贤良之人的语言明白晓畅，如蔼然之春风，庸俗之人的语言话多意浅，小人的语言多假话，多坏话。

其中“神人之言微”，当受《周易》影响，所谓“神无方而易无体”。

1.66 士君子不能陶镕人，毕竟学问中工力未到。

[解读] 一个人为人为学，只是为了自己积学累德，不去注意影响众人、陶染世风，终究还是修养不到位。

1.67 有一言而伤天地之和，一事而折终身之福者，切须检点。能受善言，如市人求利，寸积铢累，自成富翁。

[解读] 寸积铢累：即从一点一滴积累。铢和锱，都是极小的计量单位，俗话说锱铢必较。

中国传统思想极重“慎其言”，所谓“相在尔室，尚不愧于屋漏”——你以为在密室里说话没有人听见，可能墙缝中就透出了。所以要慎独，要心正，君子一言，驷马难追。

《中庸》说：“莫见乎隐，莫显乎微。”防微杜渐，注意细微处的功夫。

1.68 金帛多，只是博得垂老时子孙眼泪少，不知其他，知有争而已；金帛少，只是博得垂老时子孙眼泪多，不知其他，知有哀而已。

[解读] 这一条谈家风。留给子孙什么，留给他们万贯家财，没有好的家风，以为这样就可庇荫后代，孰不知这样反而可能促使后人利益的争夺。

没有什么物质遗产可以留下，只注意教儿女孝顺自己，自己离开这个世界，儿女们悲伤得不得了，除此之外，别无好的家风传递，这样的家道是不可能兴盛的。

1.69 景不和，无以破昏蒙之气；地不和，无以壮光华之色。

1.70 一念之善，吉神随之；一念之恶，厉鬼随之。知此可以役使鬼神。

[解读] 念头差，则处处差。传统儒家哲学特别强调人培养自己的善根，从本性上做起。

1.71 出一个丧元气进士，不若出一个积阴德平民。

[解读] 这一条是对无德才士的抨击。知识多，才气大，不必然会带来光耀门楣，没有好的德行支撑，才气地位，也可能会化为破坏家族兴旺的力量。

1.72 眉睫才交，梦里便不能张主；眼光落地，泉下又安得分明。

[解读] 眉睫才交，是说睡着，睡着就做梦，梦里是意识的胡乱流淌。眼光落地，命落九泉，这时什么也不知道，哪里有分明。所以一

个人在世时，应处处小心，积善行德。

1.73 **佛只是个了，仙也是个了，圣人了了不知了，不知了了是了了。若知了了，便不了。**

[解读]　这里就用“了”做了一个绕口令的歌。圣人视事明如日月，但并不认为自己洞察世事、无所不知，所以他汲汲奔波，不敢有一丝懈怠。

1.74 **万事不如杯在手，一年几见月当头。**

[解读]　这是旷达语，不如眼前一杯酒，哪管生前身后名。此语与酒无关，它说的是一种沉着痛快的人生格调。

1.75 **忧疑杯底弓蛇，双眉且展；得失梦中蕉鹿，两脚空忙。**

[解读]　杯弓蛇影，是成语，形容人疑虑重重，为一些莫须有的东西吓得半死。

梦中蕉鹿：《列子》中有一个故事，郑人有薪于野者，遇骇鹿，御而击之，毙之。恐人见之也，遽而藏诸隍中，覆之以蕉。不胜其喜。俄而遗其所藏之处，遂以为梦焉。顺涂而咏其事。傍人有闻者，用其言而取之。

这一条说世人疑心太重，终毁所成；忙忙碌碌，不知所归，以为有所得，其实并无所得。

1.76 **名茶美酒，自有真味。好事者投香物佐之，反以为佳。此与高人韵士，误堕尘网中何异？**

[解读]　这一条说的是过分的矫饰，就伤了本色，过分的矫情，就陷入虚伪。

禅宗中有一句话说得好："真水无香，真源无味。"

1.77 花棚石磴，小坐微醺。歌欲独，尤欲细；茗欲频，尤欲苦。

[解读] 石磴：以石头砌成的台阶。

微醺：微微的醉意。

歌要唱到深心中，茶要饮出苦味来。

1.78 善默即是能语，用晦即是处明，混俗即是藏身，安心即是适境。

[解读] 善于保持沉默，是最会说话的人。絮絮叨叨，伤一个人的境界。用晦，人需要在独处时、深心里多修炼，才是真正的光明之道（此出自《周易》）。委运任化，与世腾迁，就是真正的藏身。能做到安心处，就是最畅神的境界。

1.79 虽无泉石膏肓，烟霞痼疾；要识山中宰相，天际真人。

[解读] 泉石膏肓，烟霞痼疾，是中国艺术中提出的思想，痴迷于山水林泉之中，可以陶冶情性，医治在世俗中沾染的种种毛病。

山中宰相，六朝时陶弘景隐居不出，自谓"山中宰相"。天际真人，庄子说，最高境界的人（得自然之道），就是天际真人。

1.80 气收自觉怒平，神敛自觉言简，容人自觉味和，守静自觉天宁。

1.81 处事不可不斩截，存心不可不宽舒，持己不可不严明，与人不可不和气。

[解读]　斩截：即果断，不拖泥带水。

1.82　居不必无恶邻，会不必无损友，惟在自持者两得之。

[解读]　损友，《论语·季氏》："孔子曰：益者三友，损者三友。友直，友谅，友多闻，益矣。友便辟，友善柔，友便佞，损矣。"

自持：自己是自己的主宰，自己能够把握自己，不随波逐流，不随风而倒，不为利益所诱惑，不为恶邻所干扰。

1.83　要知自家是君子小人，只须五更头检点思想的是什么便得。

[解读]　儒家强调，君子"慎独"，在独处时反省，就能识得自己德行的深浅。

1.84　以理听言，则中有主；以道窒欲，则心自清。

[解读]　听别人言谈，自己要有主张，心无所主，人云亦云，终究是痴迷之人。

人人都有欲望，如果能做到合之以理，取之有方，心中就自有清明。

1.85　先淡后浓，先疏后亲，先远后近，交友道也。

[解读]　味是品出来的，做人也是如此，就像人食橄榄，慢慢地体味，路遥知马力，日久见人心。所以交友必须要经过时间的考验。

1.86　苦恼世上，意气须温；嗜欲场中，肝肠欲冷。

[解读]　人生在世不容易，有互相体谅的心，你待人接物就会充满温情。欲望奔驰之地，自己不能为之裹挟，必须冷眼对之，截然与之割断。

1.87 形骸非亲，何况形骸外之长物；大地亦幻，何况大地内之微尘。

[解读] 人生如寄，人的肉体生命也是你暂时代管，终归于莽莽苍苍之大自然，如果能这样看待自己的身体，就不会贪恋那些身外之物。

佛家说，一切有为法，如梦幻泡影，如露亦如电，应作如是观。自己的生命如天地中的一粒微尘，何苦有那么多的沾滞之心。

1.88 人当溷扰，则心中之境界何堪；人遇清宁，则眼前之气象自别。

[解读] 溷（hùn），浑浊。尽管有污泥浊水，但我心中自有高远之境界，哪里怕它污染。

1.89 寂而常惺，寂寂之境不扰；惺而常寂，惺惺之念不驰。

[解读] 寂而常惺：心灵保持寂静，就能常清醒。

惺而常寂：清醒的人，他的心灵总是宁静平和，没有幽暗的冲动，没有邪逆的冲击。

驰：意为纷乱。

1.90 童子智少，愈少而愈完；成人智多，愈多而愈散。

[解读] 《庄子·徐无鬼》中另有一故事，说黄帝一天驾车远行，随从都是学富五车的智者（七圣），却在途中迷了路。黄帝问众人，众人面面相觑，都不知道。问一个路过的牧童，牧童却知道。所谓“七圣不知，牧童知之”。

这一条强调本心、童心。

1.91 无事便思，有闲杂念头否？有事便思，有粗浮意气否？得意便思，有骄矜辞色否？失意便思，有怨望情怀否？时时检点得到，从多入少，从有入无，才是学问的真消息。

[解读] 本条倡导“时时检点”的思想，如孔子说，吾日三省吾身。

1.92 笔之用以月计，墨之用以岁计，砚之用以世计。笔最锐，墨次之，砚钝者也。岂非钝者寿，而锐者夭耶？笔最动，墨次之，砚静者也。岂非静者寿，而动者夭乎？于是得养生焉。以钝为体，以静为用，唯其然，是以能永年。

[解读] 这一条用笔、墨、砚三者来比喻人生境界，宣扬道家的守拙思想。

1.93 贫贱之人，一无所有，及临命终时，脱一“厌”字；富贵之人，无所不有，及临命终时，带一“恋”字。脱一厌字，如释重负；带一“恋”字，如担枷锁。

[解读] 此条倡导一种随遇而安、不恋物欲的思想。物欲太重，终成生命之累。

1.94 透得名利关，方是小休歇；透得生死关，方是大休歇。

[解读] 透得，即参得，悟得。

1.95 人欲求道，须于功名上闹一闹方心死，此是真实语。

[解读] 功名原来是虚妄，人生重要的是生命的境界，是处世的功德。

1.96 病至，然后知无病之快；事来，然后知无事之乐。故御病不如却病，完事不如省事。

[解读]　御病：治病。

却病：防病。

1.97　讳贫者死于贫，胜心使之也；讳病者死于病，畏心蔽之也；讳愚者死于愚，痴心覆之也。

[解读]　讳贫：怕贫穷。

胜心：好胜心。人有的好胜心，则心难安，看别人生活比自己富裕，必然不满足自己的处境，于是生出种种痛苦。

讳愚：怕愚蠢。忌讳愚蠢，就会学聪明，学聪明，就会多机心，多了机心，就无法安心，无法安心就有痴妄之念。

1.98　古之人，如陈玉石于市肆，瑕瑜不掩；今之人，如货古玩于时贾，真伪难知。

[解读]　陈玉石于市肆：玉和石头相似，但玉是玉，石头是石头。有高德的人，如将玉石都陈列于市场，是他们心中坦然，襟怀真实，不掩不炫。

世俗之人，就像到那些逐利的商人那里买古玩，真伪难辨，心中混乱，浑浑噩噩。时贾，世俗的商人。

1.99　士大夫损德处，多由立名心太急。

[解读]　这一条反对为名利损害人的真性。

1.100　多躁者，必无沉潜之识；多畏者，必无卓越之见；多欲者，必无慷慨之节；多言者，必无笃实之心；多勇者，必无文学之雅。

[解读]　心中养得好，所在皆适。那些急躁的人，畏首畏尾的人，

满脑子欲望的人，夸夸其谈的人，以及喜欢炫耀武力的人，都不能算修养得好。

1.101 剖去胸中荆棘，以便人我往来，是天下第一快活世界。

［解读］ 心中的荆棘，意思是心中有拘束，有障碍，缺少通达，缺少平和，在冲突中争斗，在欲望中挣扎，在欲突破和无法突破中经历痛苦。所以，这一道栅栏，就使自己无法成为快活人。

1.102 古来大圣大贤，寸针相对；世上闲言闲语，一笔勾销。

［解读］ 追求圣贤的气象，摒弃庸俗的人生。

1.103 挥洒以怡情，与其应酬，何如兀坐；书礼以达情，与其工巧，何若直陈；棋局以适情，与其竞胜，何若促膝；笑谈以怡情，与其谑浪，何若狂歌。

［解读］ 兀坐：枯坐。

直陈：直率地表达。

谑浪：孟浪，放荡。

这数语所彰显的人生境界，在古代有很高的位置。如围棋的智慧，两人围棋，是以手来交谈（古人称围棋为手谈），黑白下子，如鸥鹭轻轻地落下沙滩（古称围棋为鸥鹭），二人相对，是共成一个好局，胜负只在微小之间。围棋非为竞争胜负，所以苏轼说："胜固欣然，败亦可喜。"

1.104 拙之一字，免了无千罪过；闲之一字，讨了无万便宜。

［解读］ 这一条说“拙”和“闲”的智慧。无千，无万，都是形容数量之多。

1.105 斑竹半帘，惟我道心清似水；黄粱一梦，任他世事冷如冰。欲住世出世，须知机息机。

［解读］ 这一条宣扬的是一种出世的情怀、旷达的境界。住世出世：住在世上，做出世之想，就像“大隐隐于世”。知机息机：洞察世事，而湛怀息机，不萦一念。

1.106 书画为柔翰，故开卷张册贵于从容；文酒为欢场，故对酒论文忌于寂寞。

［解读］ 柔翰：柔软的笔。

文酒：饮酒赋文。

前一句说是从容闲淡的情怀，后一句说以文酒引发生命的冲动，将蛰伏的创造力引发出来。

1.107 荣利，造化特以戏人。一毫着意，便属桎梏。

［解读］ 荣华富贵，都是造化拿来戏弄人的东西，很多人醉心其中而不能自拔，成了物的奴隶，令人惋惜。

1.108 士人不当以世事分读书，当以读书通世事。

［解读］ 这一条阐述的世事洞明和读书之间的关系。《红楼梦》中的一副对联叫作：“世事洞明皆学问，人情练达即文章。”陆游有诗云：“古人学问无遗力，少壮工夫老始成。纸上得来终觉浅，绝知此事要躬行。”

1.109 天下之事，利害常相半。有全利而无小害者，惟书。

［解读］　古人有对联云：“几千年人家无非积善，第一等好事只是读书。”读书价值是无上的。

1.110　意在笔先，向庖羲细参易画；慧生牙后，恍颜氏冷坐书斋。明识红楼为无冢之丘垅，迷来认作舍生岩；真知舞衣为暗动之兵戈，快去暂同试剑石。

［解读］　意在笔先：这是中国书画艺术所提倡的理想，书画的关键是形式背后要表达的意念。

庖羲参易画：传伏羲观河图而作《易经》的八卦。

慧生牙后：形容智慧生于孜孜不倦的勤勉功夫。

颜氏冷坐书斋：说的是孔子的弟子颜渊“一箪食，一瓢饮，人也不堪其忧，回也不改其乐”。

明识红楼为无冢之丘垅：如《红楼梦》“好了歌”所谓“世人都晓神仙好，惟有功名忘不了。古今将相在何方，荒冢一堆草没了”，洞察世事的明了之人，深知世事暗转中的玄机。

真知舞衣为暗动之兵戈：用的是唐明皇与杨贵妃的故事，白居易《长恨歌》写道，“风吹仙袂飘飖举，犹似霓裳羽衣舞”，歌舞暂歇，宛转蛾眉马前死。世事就是这样的残酷。

快去暂同试剑石：说的是不能在富贵中、享乐中放松自己的意志，而要去磨剑练身，以防不日之灾。

1.111　调性之法，须当似养花天；居才之法，切莫如妒花雨。

［解读］　修养自己的心性，就像春风和荡的养花天，需要有温润的情怀。对待有才之士，切忌像春末的急风骤雨，摧折残花剩朵。

1.112　烟云堆里浪荡子，逐日称仙；歌舞丛中淫欲身，几时得度？山穷鸟道，纵藏花谷少流莺；路曲羊肠，虽覆柳荫难放马。能于热地思冷，则一世不受凄凉；能于淡处求浓，则终身不落枯槁。

［解读］ 能于热地思冷，则一世不受凄凉；能于淡处求浓，则终身不落枯槁。堪为处事良言，世界熙熙而来，攘攘而去，对此热流时，要保持冷静，不能为之裹挟而去。能在平淡处做文章，能够避免横来的祸殃。

1.113 会心之语，当以不解解之；无稽之言，是在不听听耳。

［解读］ 只可意会，不可言传，中国文化重视深沉的心灵契会。
无稽之谈，欺人之论，如清风届耳，让其一闪而去。

1.114 佳思忽来，书能下酒；侠情一往，云可赠人。

［解读］ 这是一种名士的情趣。山中何所有，岭上多白云。只可自怡悦，不堪持赠君。

1.115 蔼然可亲，乃自溢之冲和，装不出温柔软款；翘然难下，乃生成之倨傲，假不得逊顺从容。

［解读］ 这一条说的是人的本色美，从灵魂处流淌出来的谦和和骨气。倨傲指自尊的威严，而不是骄傲或者傲慢。逊顺意为谦逊和顺。这后一句说的是“君子不重则不威，学则不固”的道理。

1.116 风流得意，则才鬼独胜顽仙；孽债为烦，则芳魂毒于虐祟。极难处是书生落魄，最可怜是浪子白头。

［解读］ 人在风流得意时，就会忘形而狂狷。
人为情所累时，自己的心灵就会混乱无绪。此时最易沾上邪念。

虐祟：邪逆的鬼怪。

往往书生在落魄时，极易流为性灵的乞丐。

浪子白头，也是可怜事，因为他没有“回头”的机会了。

1.117 世路如冥，青天障蚩尤之雾；人情若梦，白日蔽巫女之云。

[解读] 世路如冥：世路很昏暗，飞沙走石，两眼迷离，抬眼望，不知身在何方。蚩尤是传说中的上古部落首领，他长得像个怪物，曾和黄帝大战中原。

人情若梦，白日蔽巫女之云，这说的是人生的虚幻，巫女即传说中的巫山神女，她洒下了蒙蒙云雾，给很多有情人带来爱的梦幻。

1.118 密交定有夙缘，非以鸡犬盟也；中断知其缘尽，宁关萋菲间之。

[解读] 密交：深交。

夙缘：本来就有的缘分。

鸡犬盟：形容那些低级的短暂的交往。

宁关萋菲间之：和萋萋芳菲情缘深厚有什么关系。

1.119 堤防不筑，尚难支移壑之虞；操存不严，岂能塞横流之性。发端无绪，归结还自支离；入门一差，进步终成恍惚。

[解读] 移壑之虞：山洪冲下的忧虑。

发端无绪：是说本原不真，是虚伪之性，归结必然是支离不全。

入门一差，进步终成恍惚。中国文化强调，入门须正，立志在高，入门不正，就会南辕北辙，愈行愈远。

1.120 打诨随时之妙法，休嫌终日昏昏；精明当事之祸机，却恨一生了了。藏不得是拙，露不得是丑。

［解读］　打诨，一种性灵的休闲，并不是脑子不清醒，它用游戏的方式展示自己内心还有可以迂回的空间。而那些整天精明过度的人，并不代表就是清醒人，正因为他太聪明，太“了了”，因而最不了了。

1.121　形同隽石，致胜冷云，决非凡士；语学娇莺，态摹媚柳，定是弄臣。

［解读］　这一条说的是为人境界。

形同隽石：形象或行为就如同俊美而多致的奇石，说明他有蕴涵，有品位。

致胜冷云：致是情致，冷云即悠悠飘荡的云，从从容容，不粘不滞，自在飘渺。

1.122　开口辄生雌黄月旦之言，吾恐微言将绝，捉笔便惊。

［解读］　雌黄月旦之言：即玄言异语，玄虚而不落实际。

1.123　风波肆险，以虚舟震撼，浪静风恬；矛盾相残，以柔指解分，兵销戈倒。

［解读］　风波肆险，以虚舟震撼，浪静风恬。以用陶渊明的诗来表达这一境界：“纵浪大化中，不喜亦不惧。”陶渊明多次用“虚舟”来比喻人生，在这虚空的舟中，人随意来往，从容闲渡，就可抵御人间的惊涛骇浪。

矛盾相残，以柔指解分，兵销戈倒。以用刘琨的诗来表现：“何为百炼钢，化为绕指柔。”

1.124　豪杰向简淡中求，神仙从忠孝上起。

［解读］　神仙从忠孝中求，这里的神仙形容做人所达到的从容自

适的境界。

1.125 人不得道，生死老病四字关，谁能透过？独美人名将，老病之状，尤为可怜。

[解读] 这一条使人想到《茶花女》。

1.126 日月如惊丸，可谓浮生矣，惟静卧是小延年；人事如飞尘，可谓劳攘矣，惟静坐是小自在。

[解读] 这一条说处世的智慧。山静似太古，日长如小年。惟以静心来应对浮生如梦。

1.127 平生不作皱眉事，天下应无切齿人。

[解读] 这一条强调做人要做和善的人，不欺人则人不欺我。然我不欺人人欺我，我只有一个“忍”字。

1.128 暗室之一灯，苦海之三老。截疑网之宝剑，抉盲眼之金针。

[解读] 此语出自焦竑《焦氏笔乘》续集卷一：“古人谓暗室之一灯，苦海之三老。截疑网之宝剑，抉盲眼之金针。”

人心中不明，如在暗室，总是四处碰撞，极尽尴尬，忽得性灵之灯，豁然明彻，洞照心府，一灯能除千年暗，一智能除万年愁，不仅照我，又可照人，灯灯相连，光光无限，朗照寰宇。

苦海之三老：三老指老子、孔子和释迦牟尼。三人之思想是渡人出苦海之舟。

截疑网之宝剑：说的是智慧是决疑之剑。

1.129 攻取之情化，鱼鸟亦来相亲；悖戾之气销，世途不见可畏。吉人安详，即梦寐神魂，无非和气；凶人狠戾，即声音笑语，浑是杀机。

［解读］ 去了攻取之心，就是去了目的性的活动，人的生活若无功利，就会变得轻松自在，沉重的负担卸下，这时便觉鸟兽禽鱼自来亲人。

去了悖戾骜世之心，不与物忤，这样就会如范仲淹所说的，不以物喜，不以己悲，觉得世事原来就是一片和谐四月天。

1.130 天下无难处之事，只要两个“如之何”；天下无难处之人，只要三个“必自反”。

［解读］ 做事要动脑子，要知难而进，方能克服。

与人相处，要多体谅别人，多理解别人，“躬自厚而薄责于人”，这样才能处出真的朋友。

1.131 能脱俗便是奇，不合污便是清。处巧若拙，处明若晦，处动若静。

［解读］ 《老子》第四十五章：“大成若缺，其用不弊。大盈若冲，其用不穷。大直若屈。大巧若拙，大辩若讷。静胜躁，寒胜热，清静为天下正。”

《周易·明夷》象辞云：“明入地中，明夷；君子以莅众，用晦而明。”

1.132 参玄借以见性，谈道借以修真。

［解读］ 参玄谈道，原为见性，但在不少人那里成为遮蔽性情的东西。

1.133 世人皆醒时作浊事，安得睡时有清身？若欲睡时得清身，须于醒时有清意。

［解读］　这一条为《集醒》点题。

1.134　好读书非求身后之名，但异见异闻，心之所愿，是以孜孜搜讨，欲罢不能，岂为声名劳七尺也。

［解读］　读书到底为了什么，“书中自有黄金屋”，如抱着这样的目的，功利思想太浓厚，损害了读书原来的意义，读书在求知，在养性，在提升人的层次。

1.135　一间屋，六尺地，虽没庄严，却也精致。蒲作团，衣作被，日里可坐，夜间可睡。灯一盏，香一炷，石磬数声，木鱼几击。龛常关，门常闭，好人放来，恶人回避。发不除，荤不忌，道人心肠，儒者服制。不贪名，不图利，了清净缘，作解脱计。无挂碍，无拘系，闲便入来，忙便出去。省闲非，省闲气，也不游方，也不避世。在家出家，在世出世。佛何人，佛何处，此即上乘，此即三昧。日复日，岁复岁，毕我这生，任他后裔。

［解读］　明祝允明曾书《澄心窝铭》，其云：“一间房，六尺地，虽没庄严，都也精致。蒲作团，布作被，日里可坐，夜里可睡。灯一盏，香一炷，石磬数声，木鱼几记。龛常关，门常闭，好人放参，恶人回避。发不除，肉不忌，道人心肠，儒者服制。上无师，下无弟，不传衣钵，不立文字。不谈禅，不说偈，但无妄行，亦无妄意。不贪生，不图利，了清净缘，作解脱计。无挂碍，无拘系，闲便入来，忙便出外。省闲非，省闲气，在家出家，在世出世。佛何人，佛何处，此即上乘，此即三昧。日复日，岁复岁，毕我这生，任他后裔。”款云：“乙酉冬日枝山允明戏为性甫录此。”见明郁逢庆《书画题跋记》续卷十二著录。

此处所录文字略有差异。

1.136 草色花香，游人赏其真趣；桃开梅谢，达士悟其无常。

［解读］ 人生无常，这里并不是说充满了灾难和苦痛，而是强调世界的变易，时光流动，花开花落，瞬间即逝。

1.137 招客留宾，为欢可喜，未断尘世之扳援。浇花种树，嗜好虽清，亦是道人之魔障。

［解读］ 招客留宾，广交朋友，如有目的性，本着多一个朋友多一条路的思路去做，这样就有尘世的杂念。扳援：牵扯，束缚。

嗜好虽清，亦是道人之魔障，此句意思是：水至清则无鱼，要成为一个有清净灵魂的人，不是对俗世的躲避，而是在浑浊中，能保持自己的清操。

1.138 人常想病时，则尘心便灭；人常想死时，则道念自生。

［解读］ 道念：出世的思虑。

1.139 入道场而随喜，则修行之念勃兴；登丘墓而徘徊，则名利之心顿尽。

［解读］ 随喜：佛教称施舍为随喜。

登丘墓而徘徊，则名利之心顿尽：说人生命的短暂，都有离开世界的当口，以此来断尘世中浓烈的欲望。

1.140 铄金玷玉，从来不乏乎谗人；洗垢索瘢，尤好求多于佳士。止作秋风过耳，何妨尺雾障天。

［解读］ 众口可以铄金，唾沫星能将人淹死。玉器再好也有污玷，但有的人就看到这玷，鸡蛋里头挑骨头的人太多了。宁愿自己好，不让

别人好。

洗垢索瘢，是说洗涤污垢，找出其中的斑痕，吹毛求疵，这样对待别人，必然不会有朋友。

1.141　真放肆不在饮酒高歌，假矜持偏于大庭卖弄。看明世事透，自然不重功名；认得当下真，是以常寻乐地。

[解读]　真正浪漫的人，不在那种饮酒高歌的形式。真正清高的人，不在大庭广众下卖弄。世事洞明，功名的欲望自去；性灵真实，触处都是快乐之地。

1.142　富贵功名，荣枯得丧，人间惊见白头；风花雪月，诗酒琴书，世外喜逢青眼。

[解读]　人间惊见白头，世事原本虚幻。所以不必沉溺于功名之中，山水林泉之下，书画琴酒之中，也自有乐地。

1.143　欲不除，似蛾扑灯，焚身乃止；贪无了，如猩嗜酒，鞭血方休。涉江湖者，然后知波涛之汹涌；登山岳者，然后知蹊径之崎岖。

[解读]　涉江湖者，然后知波涛之汹涌；登山岳者，然后知蹊径之崎岖。此是妙语，可以右我座。

1.144　人生待足何时足，未老得闲始是闲。

[解读]　不足即足，足也非足，我心怡然，何必足足。

1.145　谈空反被空迷，耽静多为静缚。

[解读]　谈空反被空迷，不为真空，世事是一条实在的路，你必须要行走，必须要从崎岖的山路越过，说“空”只是让你不要始终低头

看着路，你可以抬头看，前方正是：山岚起伏，祥云飘渺。

人都说，心静好，静坐好，宜心宜身。然而耽于静，则是被静所束缚，没有了活络的心，生命就缺少柔软的姿态。

1.146 旧无陶令酒巾，新撇张颠书草。何妨与世昏昏，只问吾心了了。

[解读] 陶令：陶渊明，他曾做过彭泽县令，故后人呼为陶令。

张颠：唐书法家张旭善草书，几近于癫，人称张癫（或张颠）。

这一条的意思是，对历史的了解，不光是为了广其见识，而重在培养性灵。

1.147 以书史为园林，以歌咏为鼓吹；以理义为膏粱，以著述为文绣；以诵读为菑畲，以记问为居积；以前言往行为师友，以忠信笃敬为修持；以作善降祥为因果，以乐天知命为西方。

[解读] 理义为膏粱：意思是以理义作为自己的食粮。孟子说："礼仪之悦我心，犹刍豢之悦我口。"

菑（zī）畲（yú）：耕种的田地。

居积：积累。

以前言往行为师友：孔子说："多识于前言往行。"

修持：性灵的修养。

西方：佛教中的极乐世界。

1.148 云烟影里见真身，始悟形骸为桎梏；禽鸟声中闻自性，方知情识是戈矛。

[解读] 泉石膏肓，烟霞痼疾，翳然林水，自有一种风流。

1.149 事理因人言而悟者，有悟还有迷，总不如自悟之了了；意兴从外境而得者，有得还有失，总不如自得之休休。

［解读］ 这一条讲两层意思。第一，关键是自己的心悟，求于自心，道不外求。第二，要有自己的心得，由别人帮助你得到的，不如你自己体会得来稳当。

休休，稳实。

1.150 白日欺人，难逃清夜之愧赧；红颜失志，空遗皓首之悲伤。定云止水中，有鸢飞鱼跃的景象；风狂雨骤处，有波恬浪静的风光。

［解读］ 不要迷恋表面的文章，不要听信别人的漂亮话，深思中最有所得。

不要沉溺官能欲望的瀚海中，到头来悔之无及。

定云止水中，有鸢飞鱼跃的景象，不动中有动。

风狂雨骤处，有波恬浪静的风光，动中有不动。

1.151 平地坦途，车岂无蹶？巨浪洪涛，舟亦可渡。料无事必有事，恐有事必无事。

［解读］ 在平路通衢中，大车也会翻倒。蹶，跌倒。在激浪排空中，也有渡舟的可能。这两句话的意思是，不要过分拘泥于世事的顺逆，关键是炼就自己的金刚不坏之身。

1.152 富贵之家，常有穷亲戚来往，便是忠厚。

［解读］ 久穷乍富，提一“穷”字，马上头皮发麻，哪里能容得了穷亲戚。刘姥姥只是在贾府衰落时才可成为座上之宾。

1.153 朝市山林俱有事，今人忙处古人闲。

[解读]　不在于你是在山林，还是在闹市，关键是心中的修养，如果心中不净，即使在山水林泉之间，也会产生混乱。

我们要有古人的“闲”心，淡然处世，不能有俗世的烦乱，那样只能耗费自己有限的生命资源。

1.154　人生有书可读，有暇得读，有资能读，又涵养之，如不识字人，是谓善读书者。享世界清福，未有过于此也。

[解读]　有书可读，指那些可读的书，天下尽是书，却感无书可读，天下尽是读书人，却难以嗅出书味。读书，关键是明理，关键是培养自己的情操，而不光是知识的获得。这是中国传统文化的基本思想。

1.155　世上人事无穷，越干越做不了；我辈光阴有限，越闲越见清高。

1.156　两刃相迎俱伤，两强相敌俱败。

[解读]　两强相斗，必有一伤，不如让一步，用今天国际关系的术语说，叫寻求“双赢”。

1.157　我不害人，人不我害；人之害我，由我害人。

[解读]　正是前文所说的：“平生不作皱眉事，天下应无切齿人。”

1.158　商贾不可与言义，彼溺于利；俗儒不可与言道，彼谬于词。

1.159　博览广识见，寡交少是非。

[解读]　学要广，交要精，可谓至理名言。滥交必影响其学。

1.160 明霞可爱，瞬眼而辄空；流水堪听，过耳而不恋。人能以明霞视美色，则业障自轻；人能以流水听弦歌，则性灵何害？休怨我不如人，不如我者常众；休夸我能胜人，胜如我者更多。

［解读］ 这一条从多种角度让人克服“我执”，不要埋怨自己不如人，又不要觉得自己胜过人，人心要像云儿自由自在地飘，像水轻轻地流，不粘一片，不住一点。

1.161 人心好胜，我以胜应必败；人情好谦，我以谦处反胜。

［解读］ 老子说，“上善若水。”《易传》说，“谦者，德之光也。”

1.162 人言天不禁人富贵，而禁人清闲，人自不闲耳；若能随遇而安，不图将来，不追既往，不蔽目前，何不清闲之有？

［解读］ 蔽：遮蔽。

1.163 暗室贞邪谁见，忽而万口喧传；自心善恶炯然，凛于四王考校。

［解读］ 这一条说慎独的道理，所谓莫见乎隐，莫显乎微。关于是自心的端正。

贞邪：正邪。

喧传：腾播不绝。

炯然：明白清晰。

1.164 寒山诗云：“有人来骂我，分明了了知。虽然不应对，却是得便宜。”此言宜深玩味。

［解读］ 寒山：唐末著名禅宗诗人。

1.165 恩爱，吾之仇也；富贵，身之累也。

[解读] 恩爱，吾之仇也，意思是，一味沉溺于情之中，则对天下之事辨析不明。所以，说恩爱之情为自己的仇人。

1.166 冯谖之铗弹老无鱼，荆轲之筑击来有泪。

[解读] 冯谖为春秋时齐国的孟尝君手下的门客，开始时不为重用，后成为他患难中的支撑。

荆轲刺秦王，在易水之滨告别众人，友人高渐离击筑，其场面悲壮感人。

1.167 以患难心居安乐，以贫贱心居富贵，则无往不泰矣；以渊谷视康庄，以疾病视强健，则无往不安矣。

[解读] 渊谷：深深的峡谷。

康庄：平坦的大道。

1.168 有誉于前，不若无毁于后；有乐于身，不若无忧于心。

[解读] 反功名，求安适，即是此条思想。

1.169 富时不俭贫时悔，潜时不学用时悔，醉后狂言醒时悔，安不将息病时悔。

[解读] 潜：这里指隐居。

1.170 寒灰内半星之活火，浊流中一线之清泉。

[解读] 星星之火，可以燎原；一线清泉，可使寰宇清澈。这一条说人不能没有理想，人不能放弃希望，希望和理想，是渡人之扁舟。

1.171 攻玉于石，石尽则玉出；淘金于沙，沙尽则金露。

[解读] 从平凡的事情可以锻造出伟大来。

1.172 乍交不可倾倒，倾倒则交不终；久与不可隐匿，隐匿则心必崄。

[解读] 乍交：初交。

倾倒：指相处过于熟稔。

久与：长久地交往。

崄（xiǎn）：危险。

1.173 丹之所藏者赤，墨之所藏者黑。

1.174 懒可卧，不可风；静可坐，不可思；闷可对，不可独；劳可酒，不可食；醉可睡，不可淫。

[解读] 风：吹风。

对：和人交谈。

1.175 书生薄命原同妾，丞相怜才不论官。

[解读] 一介书生，如没有耿介的情操，卑躬屈膝，为人利用，说别人让你说的话，就露出了妾的本相。

1.176 少年灵慧，知抱夙根；今生冥顽，可卜来世。

[解读] 灵慧：聪明智慧。

夙根：本来就具有的特性。

1.177 拨开世上尘氛，胸中自无火炎冰兢；消却心中鄙吝，眼前时有月到风来。

[解读]　火炎冰兢：指或热或冷。

鄙吝：低下粗鄙。

月到风来：形容怡然自适，轻松高雅。古人有“月到天心处，风来水面亭”之诗语。

1.178　尘缘割断，烦恼从何处安身？世虑潜消，清虚向此中立脚。市争利，朝争名，盖棺日何物可殉蒿里？春赏花，秋赏月，荷锸时此身常醉蓬莱。

[解读]　尘缘：尘世的束缚。

潜消：慢慢地消逝。

市争利：在市场上争夺利益。

朝争名：在朝廷上争夺功名。

殉蒿里：意思是功名利禄哪里能带到坟墓中去，人死了一切都空了。人贪于功名是没有意义的。荷锸：扛着铁锹。

春赏花，秋赏月，荷锸时此身常醉蓬莱：这里以刘伶为例，来说潇洒倜傥的情怀。

1.179　驷马难追，吾欲三缄其口；隙驹易过，人当寸惜乎阴。

[解读]　三缄其口：沉默不语。

隙驹易过：庄子说：“人生如白驹过隙，忽然而已。”

1.180　万分廉洁止是小善，一点贪污便为大恶。

[解读]　止是：只是。

1.181　炫奇之疾，医以平易；英发之疾，医以深沉；阔大之疾，医以充实。

[解读] 炫奇之疾：喜欢怪奇的毛病。

英发之疾：轻佻孟浪的毛病。

1.182 才舒放即当收敛，才言语便思简默。

[解读] 简默：同“缄默”。

1.183 贫不足羞，可羞是贫而无志；贱不可恶，可恶是贱而无能；老不足叹，可叹是老而虚生；死不足悲，可悲是死而无补。身要严重，意要闲定；色要温雅，气要和平；语要简徐，心要光明；量要阔大，志要果毅；机要缜密，事要妥当。

[解读] 可羞：即可耻。

虚生：枉过了一生，就是一生一无所留。

闲定：从容安定。

色要温雅：面容和蔼文雅。

简徐：简单明了，节奏舒缓。

果毅：果断弘毅，指碧海掣鲸的大志。

机要缜密：考虑问题细致周密。

1.184 富贵家宜学宽，聪明人宜学厚。

[解读] 富贵易骄纵，所以要学宽容；聪明易弄机心，所以要学厚道。

1.185 休委罪于气化，一切责之人事；休过望于世间，一切求之我身。

[解读] 委罪：怪罪。

气化：这里疑指命运。

过望：有不切实际的企望。

1.186 世人白昼寐语，苟能寐中作白昼语，可谓常惺惺矣。

[解读] 世人多是大白天说梦话，浑浑噩噩。而如果能够在梦中说白天的话，就是一个清醒的人。惺惺，清醒的样子。

1.187 观世态之极幻，则浮云转有常情；咀世味之皆空，则流水翻多浓旨。

[解读] 能够观察世事如梦幻，则可以将飘渺的浮云转为现实的功夫。能够体味世相皆虚空，则能从一刻不息的流水中发现生活的意味。

1.188 大凡聪明之人，极是误事。何以故？惟其聪明生意见，意见一生，便不忍舍割。往往溺于爱河欲海者，皆极聪明之人。

[解读] 聪明生意见，聪明人脑袋灵，他会想出各种点子来，多机心，所以翻腾于欲海爱河，自己多痛苦，所以中国文化强调，大智若愚，大巧若拙。

1.189 是非不到钓鱼处，荣辱常随骑马人。

[解读] 骑马人，是当官人，所以荣辱萦绕；钓鱼人是隐逸者，所以是非不到。

1.190 名心未化，对妻孥亦自矜庄；隐衷释然，即梦寐皆成清楚。

[解读] 那些满头脑功名的人，就是在家里，对待自己的妻子孩子（孥：孩子）也摆出庄重的样子，错将家里当官场。自己内在的疑虑冰释，就是在梦寐中也有清晰的解脱。

1.191 观苏季子以贫穷得志，则负郭二顷田误人实多；观苏季子以功名杀身，则武安六国印害人不浅。

[解读] 苏季子，战国时谋士苏秦，主张联合六国以抗秦。他为合纵长，佩带六国相印。过洛阳，人以君主之礼待之，他感叹说："使我有洛阳负郭二顷田，吾岂能佩六国相印乎?"虽然位高权重，然无一日安静日子过。最终为了功名而遭杀身之祸。

武安：苏秦曾被封为武安君。

1.192 名利场中难容伶俐，生死路上止要糊涂。

[解读] 伶俐：不是聪明，而是多情。名利场中是残酷的，它会碾杀多情人。

1.193 一杯酒留万世名，不如生前一杯酒，自身行乐耳，遑恤其他；百年人做千年调，至今谁是百年人？一棺戢身，万事都已。

[解读] 晋人好酒，不如眼前一杯酒，哪管生前身后名，几乎成为晋人的宣言。

遑恤：哪里顾得了。

戢：裹，引申为埋葬。

1.194 郊野非葬人之处，楼台是为丘墓；边塞非杀人之场，歌舞是为刀兵。试观罗绮纷纷，何异旌旗密密；试听管弦冗冗，何异松柏萧萧。葬王侯之骨，能消几处楼台；落壮士之头，经得几翻歌舞。达者统为一观，愚人指为两地。

[解读] 郊野非葬人之处，楼台是为丘墓。意思是楼台亭馆这些欲望浮动的场所，是人生的坟墓。

边塞非杀人之场，歌舞是为刀兵。试观罗绮纷纷，何异旌旗密密。意思是敌人的刀兵并不是杀人的利器，而风月场上的红袖才是杀人的武器。

1.195 节义傲青云，文章高白雪。若不以德性陶镕之，终为血气之私、技能之末。

［解读］ 血气之私：为一己的呓语。

技能之末：末流的技艺。

此条又见《菜根谭》。

1.196 我有功于人，不可念，而过则不可不念；人有恩于我，不可忘，而怨则不可不忘。

1.197 径路窄处，留一步与人行；滋味浓时，减三分让人嗜。此是涉世一极安乐法。

［解读］ 《菜根谭》也有类似的话。

1.198 己情不可纵，当用逆之法制之，其道在一忍字；人情不可拂，当用顺之法制之，其道在一恕字。

［解读］ 忍和恕，为传统之智慧。

1.199 昨日之非不可留，留之则根烬复萌，而尘情终累乎理趣；今日之是不可执，执之则渣滓未化，而理趣反转为欲根。

［解读］ 这一条是宋明理学家的观点。

1.200 文章不疗山水癖，身心每被野云羁。

［解读］ 第一卷结语极飘逸，见出编者究竟是高士。

卷二　集情

语云："当为情死，不当为情怨。"明乎情者，原可死而不可怨者也。虽然，既云情矣，此身已为情有，又何忍死耶？然不死终不透彻耳。

韩翃之柳，崔护之花①，汉宫之流叶，蜀女之飘梧，令后世有情之人，咨嗟想慕，托之语言，寄之歌咏。而奴无昆仑，客无黄衫，知己无押衙，同志无虞侯，则虽盟在海棠，终是陌路萧郎耳。集情第二。

2.1　家胜阳台，为欢非梦；人惭萧史，相偶成仙。轻扇初开，忻看笑靥；长眉始画，愁对离妆。广摄金屏，莫令愁拥；恒开锦幔，速望人归。镜台新去，应余落粉。熏炉未徙，定有余烟。泪滴芳衾，锦花长湿；愁随玉轸，琴鹤恒惊。锦水丹鳞，素书稀远；玉山青鸟，仙使难通。彩笔试操，香笺遂满；行云可托，梦想还劳。九重千日，讵想倡家；单枕一宵，便如浪子。当令照影双来，一鸾羞镜；勿使推窗独坐，嫦娥笑人。

[**解读**]　人惭萧史，相偶成仙。这取自于仙人萧史和秦女弄玉飞升的传说故事。

锦幔：织锦列绣的帷幔。

芳衾：香被。

玉轸：这里指琴。

锦水丹鳞：含有鱼雁传书的意思。

① 韩翃，唐代诗人，曾作有多首咏柳诗。崔护，唐代诗人，曾因"去年今日此门中，人面桃花相映红。人面不知何处去，桃花依旧笑东风"诗而著名。

青鸟：神鸟。李商隐诗有“青鸟殷勤为探看”。

2.2 几条杨柳，沾来多少啼痕；三叠《阳关》，唱彻古今离恨。

[解读] 三叠阳关：即阳关三叠，古代著名的送别曲，由王维的《渭城曲》改编。

2.3 世无花月美人，不愿生此世界。

[解读] 花月美人，文人倾情之处。

2.4 荀令君至人家，坐处常香三日。

[解读] 三国时荀彧，美仪容，长爱熏香，传其到人家坐的座位，人走后久久有余香。

2.5 罄南山之竹，写意无穷；决东海之波，流情不尽。愁如云而长聚，泪若水以难干。

[解读] 罄：尽。

2.6 弄绿绮之琴，焉得文君之听；濡彩毫之笔，难描京兆之眉。瞻云望月，无非凄怆之声；弄柳拈花，尽是销魂之处。

[解读] 绿绮：古代名琴，传为司马相如所有。

濡彩毫之笔，难描京兆之眉：汉京兆尹张敞为妻画眉。

2.7 悲火常烧心曲，愁云频压眉尖。

[解读] 心曲：心中的隐微处。

2.8 五更三四点，点点生愁；一日十二时，时时寄恨。

[解读]　五更三四点，夜深人静，心中愁最长。一日十二时，指一日十二时辰，时时都有仇恨。

2.9　燕约莺期，变作鸾悲凤泣；蜂媒蝶使，翻成绿惨红愁。

[解读]　这一条表达的是伤春的情感。

2.10　花柳深藏淑女居，何殊三千弱水；雨云不入襄王梦，空忆十二巫山。

[解读]　《红楼梦》第九十一回载黛玉说："任凭弱水三千，我只取一瓢饮。"

雨云不入襄王梦，空忆十二巫山：取自宋玉《高唐赋》。

2.11　枕边梦去心亦去，醒后梦还心不还。

2.12　万里关河，鸿雁来时悲信断；满腔愁绪，子规啼处忆人归。

[解读]　子规：杜鹃。因其叫声似"归儿，归儿"，故常用来表示盼望人归来的意思。

2.13　千叠云山千叠愁，一天明月一天恨。

[解读]　人心有离恨别愁，大自然也染上这一色彩，所谓"感时花溅泪，恨别鸟惊心"。

2.14　豆蔻不消心上恨，丁香空结雨中愁。

[解读]　豆蔻是形容青春年华的，然而青春易逝，见豆蔻生哀愁。秦观《满庭芳》："豆蔻梢头旧恨，十年梦，屈指堪惊。"

丁香表示思念，雨中见丁香，更增一段新愁。李璟《浣溪沙》："青鸟不传云外信，丁香空结雨中愁。”

2. 15 月色悬空，皎皎明明，偏自照人孤另；蛩声泣露，啾啾卿卿，都来助我愁思。

[解读] 月儿偏照离人，这是唐宋诗词常表达的境界。

蛩：寒蝉。

2. 16 慈悲筏济人出相思海，恩爱梯接人下离恨天。

[解读] 情天恨海无舟楫，两处茫茫动相思。

2. 17 孤灯夜雨，空把青年误。楼外青山无数，隔不断新愁来路。

[解读] 这一条如同一片短词，表达对远方情人的思念。

欧阳修《踏莎行》词云：“候馆梅残，溪桥柳细，草薰风暖摇征辔。离愁渐远渐无穷，迢迢不断如春水。寸寸柔肠，盈盈粉泪。楼高莫近危阑倚。平芜尽处是春山，行人更在春山外。”

2. 18 黄叶无风自落，秋云不雨长阴。天若有情天亦老，摇摇幽恨难禁。惆怅旧人如梦，觉来无处追寻。

[解读] 天若有情天亦老：出自李贺诗句。

2. 19 蛾眉未赎，谩劳桐叶寄相思；潮信难通，空向桃花寻往迹。野花艳目，不必牡丹；村酒酣人，何须绿蚁。

[解读] 谩劳：劳驾的意思。

绿蚁：古代名酒名。白居易《问刘十九》诗云：“绿蚁新醅酒，红泥小火炉。晚来天欲雪，能饮一杯无?”

2.20 琴罢辄举酒，酒罢辄吟诗。三友递相引，循环无已时。

[解读] 白居易《北窗三友诗》有云：“今日北窗下，自问何所为。欣然得三友，三友者为谁？琴罢辄举酒，酒罢辄吟诗。三友递相引，循环无已时……嗜诗有渊明，嗜琴有启期，嗜酒有伯伦，三人皆吾师。”

2.21 阮籍邻家少妇，有美色，当垆沽酒。籍常诣饮，醉便卧其侧。隔帘闻坠钗声而不动念者，此人不痴则慧。我幸在不痴不慧中。

[解读] 阮籍为晋时高人，他的一句话很有代表性：“礼岂为我辈设也！”儒家要求非礼勿动，他们是无礼不反。阮籍母亲去世，他照样喝酒，照样吃肉，按照当时礼法，实在是大逆不道，何曾简直视他这种举动为禽兽般的行为。但阮籍照样我行我素。阮籍的这种做法并不代表他不孝顺母亲，安葬母亲的时候，他“蒸一肥豚，饮酒二斗”，吃完喝完之后，大叫一声“穷矣”！吐血不止。这是何等深沉的母子之情！阮籍母亲去世，那位满脸胡须、性格豪放的裴楷去吊丧，大哭不已，而阮籍站在一边，一点眼泪也没有，人们都觉得奇怪，就对裴楷说：“人家阮籍母亲去世，他都不哭，你倒哭起来，这是为什么？”裴楷说得好：“阮籍超凡脱俗，固然可以不哭，我等是俗人，怎么可以不哭？”

2.22 桃叶题情，柳丝牵恨。胡天胡帝，登徒子焉怡目；为云为雨，宋玉因而荡心。轻泉刀若土壤，居然翠袖之朱家；重然诺如丘山，不忝红妆之季布。

[解读] 桃叶题情：古人有“题诗桃叶渡，问酒杏花村”的说法。

胡天胡帝，《诗经·鄘风·君子偕老》：“胡然而天也，胡然而帝也。”

登徒子焉怡目：出自宋玉《登徒子好色赋》。

为云为雨：出自宋玉《高唐赋》。

轻泉刀若土壤：泉刀，指钱。此句意为以金钱为粪土。明才女马湘兰善画兰，亦工诗。其诗云：“楼空南市等南柯，季布朱家数翠娥。写出素兰同写照，风流合付顾横波。”王伯谷序其诗云：“轻钱刀若土壤，翠袖朱家，重然诺如丘山，红妆季布。”

2.23　蝴蝶长悬孤枕梦，凤凰不上断弦鸣。

[解读]　李商隐《锦瑟》云“锦瑟无端五十弦，一弦一柱思华年。庄生晓梦迷蝴蝶，望帝春心托杜鹃。沧海月明珠有泪，蓝田日暖玉生烟。此情可待成追忆，只是当时已惘然。”

2.24　吴妖小玉飞作烟，越艳西施化为土。

[解读]　吴妖小玉：白居易《霓裳羽衣歌》云“须是倾城可怜女，吴妖小玉飞作烟。”小玉是夫差的妃。

2.25　妙唱非关舌，多情岂在腰。

[解读]　非关舌，岂在腰，在人的心。

2.26　孤鸿翱翔以不去，浮云黯霸而荏苒。

[解读]　霸（duì）：云黑的样子。

荏苒：形容闲云飘卷的样子。

2.27　楚王宫里，无不推其细腰；魏国佳人，俱言讶其纤手。

[解读]　楚王好细腰，一宫尽是细腰女，魏国多佳人，玉手最动人。

2.28 传鼓瑟于杨家，得吹箫于秦女。

[解读] 徐陵《玉台新咏序》云：“传鼓瑟于杨家，得吹箫于秦女。”

汉代杨恽《报孙会宗书》曰：“家本秦也，能为秦声。妇赵女也，雅善鼓瑟。”

得吹箫于秦女：语出萧史和秦女的故事。据《列仙传》记载：萧史，秦穆公时人，善吹箫，箫声优美，吸引白鹄、孔雀等纷纷来下。秦穆公有女儿，美姿容，字弄玉，听箫声，心相爱乐。于是，秦穆公以弄玉妻之。萧史教弄玉学凤鸣，居数十年，凤凰竟然受其音感召，停留在他家的屋上，于是二人作凤台，在凤台居住。住了数年，一天早晨，二人随凤凰飞去。

2.29 春草碧色，春水绿波。送君南浦，伤如之何！

[解读] 此四句，是古人送别熟语，语本江淹《别赋》。

2.30 玉树以珊作枝，珠帘以玳瑁为柙。

[解读] 徐陵《玉台新咏序》：“玉树以珊瑚作枝，珠帘以玳瑁为柙。”

玳瑁：一种状似龟的爬行动物，其壳可以作装饰品。

柙（xiá），同“匣”。

2.31 东邻巧笑，来侍寝于更衣；西子微颦，将横陈于甲帐。

[解读] 秦观有词云：“巧笑东邻女伴，采桑径里逢迎。”

微颦：微微地皱眉头。

2.32 骋纤腰于结风，奏新声于度曲。妆鸣蝉之薄鬓，照坠马之垂鬟。金星与婺女争华，麝月共嫦娥竞爽。惊鸾冶袖，时飘韩椽之香；飞燕长裾，宜结陈王之佩。轻身无力，怯南阳之捣衣；生长深宫，笑扶风之织锦。

［解读］　徐陵《玉台新咏序》云："陪游馺娑，骋纤腰于结风；长乐鸳鸯，奏新声于度曲。妆鸣蝉之薄鬓，照堕马之垂鬟。反插金钿，横抽宝树。南都石黛，最发双蛾。北地胭脂，偏开两靥。亦有岭上仙童分丸魏帝，腰中宝凤授历轩辕。金星与婺女争华，麝月共嫦娥竞爽。惊鸾冶袖，时飘韩掾之香。飞燕长裾，宜结陈王之佩。"

2.33　青牛帐里，余曲既终；朱鸟窗前，新妆已竟。

［解读］　徐陵《玉台新咏序》云："青牛帐里，余曲既终。朱鸟窗前，新妆已竟。"

2.34　山河绵邈，粉黛若新。椒华承彩，竟虚待月之帘。夸骨埋香，谁作双鸾之雾。

［解读］　明袁中道《灵岩》："山河绵邈，粉黛若新。椒华沉彩，竟虚待月之帘。夸骨埋香，谁作双鸾之雾。"

绵邈：悠远的样子。

2.35　蜀纸麝煤添笔媚，越瓯犀液发茶香。风飘乱点更筹转，拍送繁弦曲破长。

［解读］　韩偓《横塘》诗云："秋寒洒背入帘霜，凤胫灯青照洞房。蜀纸麝煤添笔兴，越瓯犀液发茶香。风飘乱点更筹转，拍送繁弦曲破长。散客出门斜月在，两眉愁思向横塘。"

蜀纸：蜀地所产的纸，古人以为蜀地所产纸张柔软有弹性，质地高。

越瓯：越地所出产的器皿。

2.36 教移兰烬频羞影，自试香汤更怕深。初似染花难抑按，终忧沃雪不胜任。岂知侍女帘帏外，剩取君王数饼金。

［解读］ 兰烬：兰花的灰烬。

韩偓《咏浴》：“再整鱼犀拢翠簪，解衣先觉冷森森。教移兰烛频羞影，自试香汤更怕深。初似洗花难抑按，终忧沃雪不胜任。岂知侍女帘帷外，剩取君王几饼金。”

2.37 静中楼阁春深雨，远处帘栊半夜灯。

［解读］ 韩偓《倚醉》：“倚醉无端寻旧约，却怜惆怅转难胜。静中楼阁春深雨，远处帘栊夜半灯。抱柱立时风细细，绕廊行处思腾腾。分明窗下闻裁剪，敲遍阑干唤不应。”

帘栊：帘幕。

2.38 绿屏无睡秋分簟，红叶伤时月午楼。

［解读］ 簟（diàn）：席子。

2.39 但觉夜深花有露，不知人静月当楼。何郎烛暗谁能咏，韩寿香薰亦任偷。

［解读］ 唐李端《赠郭驸马》：“熏香荀令偏怜少，傅粉何郎不解愁。”荀令指东汉末年曹操的谋士荀彧，好熏香，至人家，坐席三日香。何郎指晋何晏，其人喜欢在脸上涂抹白粉。

2.40 阆苑有书多附鹤，女床无树不栖鸾。星沉海底当窗见，雨过河源隔座看。

［解读］ 李商隐《碧城》三首之一云：“碧城十二曲阑干，犀辟尘埃玉辟寒。阆苑有书多附鹤，女床无树不栖鸾。星沉海底当窗见，雨过河源隔座看。若是晓珠明又定，一生长对水精盘。”

阆苑：传说中的仙宫。

女床：《山海经》中有女床之山，其中有五彩文鸟，名为鸾鸟。

2.41 风阶拾叶，山人茶灶劳薪；月径聚花，素士吟坛绮席。

[解读] 山人：隐逸于深山的高人。

素士：淡泊之人。

2.42 当场笑语，尽如形骸外之好人；背地风波，谁是意气中之烈士。

[解读] 烈士：壮怀慷慨之人。

2.43 山翠扑帘，卷不起青葱一片；树阴流径，扫不开芳影几层。

[解读] 青葱：这里指绿色纷披的春色。

树阴流径：树阴隐映的小径。

2.44 珠帘蔽月，翻窥窈窕之花；绮幔藏云，恐碍扶疏之柳。

[解读] 窈窕之花：娇媚的花朵。

绮幔：绘有锦绣的帷幔。

2.45 幽堂昼深，清风忽来好伴；虚窗夜朗，明月不减故人。

[解读] 明月不减故人：月夜夜照，人日日看，故称故人。

2.46 多恨赋花，风瓣乱侵笔墨；含情问柳，雨丝牵惹衣裾。

[解读]　衣裾：衣裙。

2. 47　亭前杨柳，送尽到处游人；山下蘼芜，知是何时归路。

[解读]　蘼芜：又名江蓠。《古诗十九首》：“上山采蘼芜，下山遇故夫。”

2. 48　天涯浩渺，风飘四海之魂；尘土流离，灰染半生之劫。

[解读]　这一条写人生的漂浮感、梦幻感，如同风飘四海，尘飞太空。

2. 49　蝶憩香风，尚多芳梦；鸟沾红雨，不任娇啼。

[解读]　红雨：指落花。

2. 50　幽情化而石立，怨风结而冢青。千古空闺之感，顿令薄幸惊魂。

[解读]　薄幸：薄情人。这一条写千古深闺怨妇，道不完的怨情，说不完的惆怅。

2. 51　一片秋山，能疗病客；半声春鸟，偏唤愁人。

[解读]　山色无涯，聊解心灵的痛苦。

半声春鸟，偏唤愁人：所谓感人花溅泪，恨别鸟惊心。

2. 52　李太白酒圣，蔡文姬书仙，置之一时，绝妙佳偶。

[解读]　东汉蔡文姬，为蔡邕之女，好书法，传其父书法之学，

韩愈曾说：“中郎有女能传业。”人称书仙。

2.53 华堂今日绮筵开，谁唤分司御史来。忽发狂言惊满座，两行红粉一时回。

［解读］ 唐杜牧《兵部尚书席上作》：“华堂今日绮筵开，谁召分司御史来。偶发狂言惊满坐，三重粉面一时回。”

绮筵：形容华美的盛宴。两行红粉：两行清泪冲湿脂粉。

2.54 缘之所寄，一往而深。故人恩重，来燕子于雕梁；逸士情深，托凫雏于春水。好梦难通，吹散巫山云气；仙缘未合，空探游女珠光。

［解读］ 凫（fú）：水鸟。

2.55 桃花水泛，晓妆宫里腻胭脂；杨柳风多，堕马结中摇翡翠。

［解读］ 桃花水：春汛又称桃花水。

2.56 对妆则色殊，比兰则香越。泛明彩于宵波，飞澄华于晓月。

［解读］ 泛明彩于宵波：夜晚的湖面在月光下泛着粼粼的波光。

2.57 纷弱叶而凝照，竞新藻而抽英。

［解读］ 弱叶：嫩叶。

新藻抽英：新花绽开。

2.58 手巾还欲燥，愁眉即使开。逆想行人至，迎前含笑来。

[解读]　燥：干。

2.59　悬媚子于搔头，拭钗梁于粉絮。

[解读]　语出庾信《镜赋》。媚子，首饰名。搔头，头上装饰品。

2.60　临风弄笛，栏杆上桂影一轮；扫雪烹茶，篱落边梅花数点。银烛轻弹，红妆笑倚，人堪惜，情更堪惜；困雨花心，垂阴柳耳，客堪怜，春亦堪怜。

[解读]　栏杆上桂影一轮：月光照桂花，其影子投在栏杆上。

2.61　肝胆谁怜，形影自为管鲍；唇齿相济，天涯孰是穷交？兴言及此，辄欲再广绝交之论，重作署门之句。

[解读]　管鲍：管仲和鲍叔牙，春秋时两位至交好友。

绝交之论：晋嵇康曾作《与山巨源绝交书》，与山涛绝交。

署门之句：在门楣上题写，三国魏杨修题字于门楣之上。

2.62　燕市之醉泣，楚帐之悲歌，歧路之涕零，穷途之恸哭，每一退念及此，虽在千载以后，亦感慨而兴嗟。

[解读]　燕市之醉泣：《史记·刺客列传》："荆轲既至燕，爱燕之狗屠及善击筑者高渐离。荆轲嗜酒，日与狗屠及高渐离饮于燕市，酒酣以往，高渐离击筑，荆轲和而歌于市中，相乐也，已而相泣，旁若无人者。"

楚帐之悲歌：说项羽在帐下和虞姬告别。

歧路之涕零：出自成语"歧路亡羊"的故事，杨子的邻居丢了一只羊，门人告诉杨子说因为岔路太多了，所以找不到。杨子于是一日无笑容。到后来竟然发展到临歧路而哭。

穷途之恸哭：据《晋书·阮籍传》记载，阮籍"时率意独驾，不由径路，车迹所穷，辄恸哭而反”。

2.63 陌上繁华，两岸春风轻柳絮；闺中寂寞，一窗夜雨瘦梨花。芳草归迟，青骢别易。多情感恋，薄命何嗟！要亦人各有心，非关女德善怨。

［解读］ 春天匆匆离去，游子尚未归来，思妇眺望远方，伤心竟至痛绝。这一条表达的就是这样的意思。

2.64 山水花月之际，看美人更觉多韵。非美人借韵于山水花月也，山水花月直借美人生韵耳。

［解读］ 美人与自然山水相映照，爱美人，亦爱山水。

2.65 深花枝，浅花枝，深浅花枝相间时，花枝难似伊。巫山高，巫山低。暮雨潇潇郎不归，空房独守时。

［解读］ 欧阳修《长相思》词云：“深花枝，浅花枝。深浅花枝相并时，花枝难似伊。玉如肌，柳如眉。爱著鹅黄金缕衣，啼妆更为谁。”

白居易同样词牌的词云：“画眉浅，画眉深，蝉鬓鬅鬙云满衣，阳台行雨回。巫山高，巫山低，暮雨潇潇郎不归，空房独守时。”

2.66 青娥皓齿别吴倡，梅粉妆成半额黄。罗屏绣幔围寒玉，帐里吹笙学凤凰。

［解读］ 此四句出自北宋司马槱的《洛春谣》。

吴倡：吴地的女子。

2.67 初弹如珠后如缕，一声雨声落花雨。诉尽平生云水心，尽是春花秋月语。

［解读］ 白居易《琵琶行》：“千呼万唤始出来，犹抱琵琶半遮面。

转轴拨弦三两声，未成曲调先有情。弦弦掩抑声声思，似诉平生不得志。低眉信手续续弹，说尽心中无限事。……钿头银篦击节碎，血色罗裙翻酒污。今年欢笑复明年，秋月春风等闲度。”

2.68 春娇满眼睡红绡，掠削云鬟施妆束。飞上九天歌一声，二十五郎吹管笛。

[解读] 白居易《长恨歌》：“回眸一笑百媚生，六宫粉黛无颜色。春寒赐浴华清池，温泉水滑洗凝脂。侍儿扶起娇无力，始是新承恩泽时。云鬓花颜金步摇，芙蓉帐暖度春宵。春宵苦短日高起，从此君王不早朝。承欢侍宴无闲暇，春从春游夜专夜。后宫佳丽三千人，三千宠爱在一身。”

2.69 琵琶新曲，无待石崇；箜篌杂引，非因曹植。

[解读] 石崇：字季伦，晋人，有金谷园，以豪富出名。

曹植：三国时著名诗人，曾作《箜篌引》。

2.70 休文腰瘦，羞惊罗带之频宽；贾女容销，懒照蛾眉之常锁。琉璃砚匣，终日随身；翡翠笔床，无时离手。

[解读] 休文：南朝沈约，字休文。

贾女容销：此出于贾女窃香的故事。韩寿，美姿容，贾充辟以为掾，充每聚会，贾女于青琐中看，见寿悦之，常怀存想，发于吟咏。

2.71 清文满箧，非惟芍药之花；新制连篇，宁止葡萄之树。

[解读] 此四句出自徐陵《玉台新咏序》。

2.72 西蜀豪家，托情穷于鲁殿；东台甲馆，流咏止于洞箫。

[解读]　汉王延寿曾作《鲁灵光殿赋》。延寿为蜀宜城人。汉王褒作有《洞箫赋》。

2.73　醉把杯酒，可以吞江南吴越之清风；拂剑长啸，可以吸燕赵秦陇之劲气。

[解读]　此四句出自宋马子才《子长游赠盖邦式序》。

2.74　林花翻洒，乍飘飏于兰皋；山禽啭响，时弄声于乔木。

[解读]　此数句出自顾野王《虎丘山序》。

兰皋：长满香花野草的岸边。

啭响：鸣叫。

2.75　长将姊妹丛中避，多爱湖山僻处行。

[解读]　姊妹丛：指女色窝。

2.76　未知枕上曾逢女，可认眉尖与画郎。

[解读]　这是一联表达男女情爱的诗。

2.77　蘋风未冷催莺别，沉檀合子留双结。千缕愁丝只数围，一片香痕才半节。

[解读]　蘋风：池塘里的浮萍经风吹拂。

2.78　那忍重看娃鬓绿，终期一遇客衫黄。

[解读]　这一联诗表达的是分别的场面。

2.79 金钱赐侍儿，暗嘱教休话。

[解读] 欲偷情的安排。

2.80 薄雾几层推月出，好山无数渡江来。轮将秋动虫先觉，换得更深鸟越催。

[解读] 此四句出自明汤宾尹《立秋前一日饮李季宣青莲阁》诗。

轮：年轮，指时间飞快地流动。

2.81 花飞帘外凭笺讯，雨到窗前滴梦寒。

[解读] 笺讯：书信。

2.82 樯标远汉，昔时鲁氏之戈；帆影寒沙，此夜姜家之被。

[解读] 鲁氏之戈：《淮南子》书中记载楚国鲁阳公与韩国人作战，战至日暮，鲁阳公挥戈指日，太阳为之复明者三。这里借指时光倒流。

姜家之被：东汉时，姜肱兄弟关系和睦，常同寝卧。

2.83 填愁不满吴娃井，剪纸空题蜀女祠。

[解读] 段成式《不赴光风亭夜饮赠周繇》："井开屈膝见吴娃，蛮蜡同心四照花。姹女不愁难管领，斩新铅里得黄牙。"

吴娃：吴地的女子。

2.84 良缘易合，红叶亦可为媒；知己难投，白璧未能获主。

[解读] 知己难投，白璧未能获主，有白玉而不为人赏识，意为

怀才不遇。

2.85 填平湘岸都栽竹，截住巫山不放云。

[解读] 前一句用湘女愁魂典故，后一句用巫山云雨典故。

2.86 鸭为怜香死，鸳因泥睡痴。

[解读] 泥：沉溺。

2.87 红印山痕春色微，珊瑚枕上见花飞。烟鬟潦乱香云湿，疑向襄王梦里归。

[解读] 红印山痕春色微：形容女子脸上的装束。

烟鬟潦乱香云湿，化用杜甫《月夜》：“今夜鄜州月，闺中只独看。遥怜小儿女，未解忆长安。香雾云鬟湿，清辉玉臂寒。何时倚虚幌，双照泪痕干！”

2.88 零乱如珠为点妆，素辉乘月湿衣裳。只愁天酒倾如斗，醉却环姿傍玉床。

[解读] 素辉乘月湿衣裳：月光照耀，夜雾打湿了衣衫。

2.89 有魂落红叶，无骨锁青鬟。

[解读] 有魂落红叶：古人喜用红叶来表达情爱，此与“红叶题诗”的典故有关。

2.90 书题蜀纸愁难浣，雨歇巴山话亦陈。

[解读] 雨歇巴山话亦陈：李商隐《夜雨寄北》：“君问归期未有期，巴山秋雨涨秋池。何当共剪西窗烛，却话巴山夜雨时。”

2.91 盈盈相隔愁追随，谁为解语来香帷。

[解读] 《古诗十九首》："盈盈一水间，脉脉不得语。"

2.92 斜看两鬟垂，俨似行云嫁。

[解读] 这一条用行云来比喻泻落下来的黑发。

2.93 欲与梅花斗宝妆，先开娇艳逼寒香。只愁冰骨藏珠屋，不似红衣待玉郎。

[解读] 这一条暗写水仙。

2.94 纵教弄酒春衫浣，别有风流上眼波。

2.95 听风声以兴思，闻鹤唳以动怀。企庄生之逍遥，慕尚子之清旷。

[解读] 此四句出自北齐祖鸿勋《与阳休之书》。

企庄生之逍遥：庄子作《逍遥游》。企，企慕。

慕尚子之清旷：据《英雄记》载："尚子平有道术，为县功曹，休归，自入山担薪，卖以供饮食。"

2.96 灯结细花成穗落，泪题愁字带痕红。

[解读] 这一联形容愁怨。

2.97 无端饮却相思水，不信相思想杀人。

[解读] 一不小心入了相思国，于是痛苦不已难以解脱。想杀人，同"想煞人"。

2.98 渔舟唱晚，响穷彭蠡之滨；雁阵惊寒，声断衡阳之浦。

［解读］　此为唐王勃《滕王阁序》语。

2.99　爽籁发而清风生，纤歌凝而白云遏。

［解读］　此为王勃《滕王阁序》语。

2.100　杏子轻衫初脱暖，梨花深院自多风。

卷三　集峭

今天下皆妇人矣！封疆缩其地，而中庭之歌舞犹喧；战血枯其人，而满座之貂蝉自若。我辈书生，既无诛乱讨贼之柄，而有一片报国之忱，惟于寸楮只字间见之，使天下之须眉而妇人者，亦耸然有起色。集峭第三。

3.1　忠孝吾家之宝，经史吾家之田。

[解读]　经史吾家之田：读经史，能增加自己的智慧，提高自己的修养。

3.2　闲到白头真是拙，醉逢青眼不知狂。

[解读]　闲到白头真是拙，这一句说的是一生守拙，可得幸福。醉逢青眼不知狂，醉眼蒙眬看世界，一半醒来一半睡。

3.3　兴之所到，不妨呕出惊人，心若不然，也须随场作戏。

[解读]　只有兴致到了，才有石破天惊的作品。

3.4　放得俗人心下，方可为丈夫；放得丈夫心下，方名为仙佛；放得仙佛心下，方名为得道。

[解读]　由俗人而丈夫，由丈夫而仙佛，由仙佛而得道，层层超越，最终达到灵魂的解脱。

3.5　吟诗劣于讲书，骂座恶于足恭。两而揆之，宁为薄幸狂夫，不作厚颜君子。

[解读]　足恭：孔子所批评的取媚于人的谦恭。

两而揆之：从以上两点来取舍。

宁为薄幸狂夫，不作厚颜君子。意思是宁愿作一个狂人，绝不做一个厚颜无耻、诳得虚名的人。

3.6　观人题壁，便识文章。

[解读]　古人多题壁，题壁表露心衷。

3.7　宁为真士夫，不为假道学。宁为兰摧玉折，不作萧敷艾荣。

[解读]　宁为兰摧玉折，不作萧敷艾荣。意思是宁为玉碎，不为瓦全。

萧艾：野花，在《楚辞》中常用来比喻邪逆之人。如《离骚》："何昔日之芳草兮，今直为此萧艾也。"

3.8　随口利牙，不顾天荒地老；翻肠倒肚，那管鬼哭神愁。

[解读]　形容一个人胡乱作为，不管天理，不顾人情。

3.9　身世浮名，余以梦蝶视之，断不受肉眼相看。

[解读]　此用了庄周梦蝶的典故。

3.10　达人撒手悬崖，俗子沉身苦海。

[解读]　撒手悬崖，不是自尽，而是同于造化，自在超越。

3.11　销骨口中，生出莲花九品；铄金舌上，容他鹦鹉千言。

［解读］　这一条鄙弃那些饶舌的人，有的人说得天花乱坠，说得尽善尽美，但都是一些假话，一些鹦鹉学舌的话。

3.12　少言语以当贵，多著述以当富，载清名以当车，咀英华以当肉。

［解读］　不要追求功名富贵，不要眼睛盯着官场，静静地思考，淡淡地度日，悠悠地写作，就可以颐养天年。

3.13　竹外窥鸟，树外窥山，峰外窥云，难道我有意无意；鹤来窥人，月来窥酒，雪来窥书，却看他有情无情。

［解读］　这是一副对子，上联说的是我看物，下联说的是物看我，物我相融，情意绵绵。

3.14　体裁如何？出月隐山。情景如何？落日映屿。气魄如何？收露敛色。议论如何？回飙拂渚。

［解读］　这一条以自然比文章，以见痛快之品格。

3.15　有大通必有大塞，无奇遇必无奇穷。

［解读］　古人认为，识通塞之纪，对于一个人来说是非常重要的，就是不滞于一点，要有达观之思、通观之思。

3.16　雾满杨溪，玄豹山间偕日月；云飞翰苑，紫龙天外借风雷。西山霁雪，东岳含烟。驾凤桥以高飞，登雁塔而远眺。

［解读］　这一条也是谈为人和作文的奇峭的品格。

3.17　一失脚为千古恨，再回头是百年人。

3.18 居轩冕之中，要有山林的气味；处林泉之下，常怀廊庙的经纶。

[解读] 范仲淹《岳阳楼记》："居庙堂之高，则忧其民；处江湖之远，则忧其君。"

刘勰《文心雕龙·神思》："身处江湖之上，心存魏阙之下。"

3.19 学者有假兢业的心思，又要有假潇洒的趣味。

[解读] 假：借也。

3.20 平民种德施惠，是无位之公卿；仕夫贪财好货，乃有爵的乞丐。

[解读] 人不以位置分高下，但可在品德上见贵贱。

3.21 烦恼场空，身住清凉世界；营求念绝，心归自在乾坤。

[解读] 人人心中都有佛性，关键在于自在体悟，体悟得到，心中就是一个大自在，就是一个佛国。

3.22 觑破兴衰究竟，人我得失冰消；阅尽寂寞繁华，豪杰心肠灰冷。

[解读] 这一条说人不必拘泥于世事纷纷，要看得开，兴衰由天定，繁华有时尽。

3.23 名衲谈禅，必执经升座，便减三分禅理。

[解读] 名衲：著名的佛门中人。这一条说谈禅不在形式，而在心中的洞悟。

3.24 穷通之境未遭，主持之局已定；老病之势未催，生死之关先破。求之今人，谁堪语此？

[解读] 这一条也是痛快语，旷达语。

3.25 一纸八行，不过寒温之句；鱼腹雁足，空有来往之烦。是以嵇康不作，严光口传，豫章掷之水中，陈泰挂之壁上。

[解读] 这一条谈人对远方亲友信件的盼望，以嵇康、严光等不重书札之例，来说明重要的心中有，情感在，如果情感淡漠，书札写得再多再好，也是白费。

豫章掷之水中：《世说新语·任诞》记载："殷羡赴任豫章太守时，其先前任地的许多人托他送信，后来殷羡发现这些书信多是拉关系、跑人情的俗物，愤而掷之水中，且说：'沉者自沉，浮者自浮，殷洪乔不能做致书邮。'"

3.26 枝头秋叶，将落犹然恋树；檐前野鸟，除死方得离笼。人之处世，可怜如此。

[解读] 这一条说得平淡，最是深沉。秋叶总是要落，但还是眷恋那个枯黄的枝，到死才松手。

鸟儿到死了，才离开笼子。也就是说，未悟人一生都在笼子里，一生都没有自由。必须放开。

3.27 士人有百折不回之真心，才有万变不穷之妙用。

[解读] 百折不回，言其志也，如水流淌，虽经曲折，但必向东。这一条说儒家哲学的常理，士不可不弘毅，任重而道远。

3.28 立业建功，事事要从实地着脚，若少慕声闻，便成伪果；讲道修德，念念要从虚处立基，若稍计功效，便落尘情。

[解读]　这一条还是反对功名，孰不知功名自古至今害了多少人，大量的人，一生就是为了功名，成了功名的奴隶。目的性的活动几乎构成了人生活动的全部，一旦解除这种目的，人就无法生活。这就是上文所说的关在笼子里的鸟。

3.29　执拗者福轻，而圆融之人其禄必厚；操切者寿夭，而宽厚之士其年必长。故君子不言命，养性即所以立命；亦不言天，尽人自可以回天。

[解读]　执拗者：就是认死理的一路人，做事为人放不开，心中难从容，因而活得累。

操切者：是一种急性子人，性子急，心胸就狭隘。

回天：意为回到自然怀抱。

3.30　才智英敏者，宜以学问摄其躁；气节激昂者，当以德性融其偏。

[解读]　这就是儒家所说的，要将“遵德性”和“道问学”结合起来。

3.31　苍蝇附骥，捷则捷矣，难辞处后之羞；茑萝依松，高则高矣，未免仰扳之耻。所以君子宁以风霜自挟，毋为鱼鸟亲人。

[解读]　这里批评两种为人的方式，一是拍马逢迎、蝇营狗苟之徒，一为卑躬屈膝、仰人鼻息之徒。

3.32　伺察以为明者，常因明而生暗，故君子以恬养智；奋迅以求速者，多因速而致迟，故君子以重持轻。

[解读]　以恬养智，说的是要有恬淡之心，慎于独处，时时注意

修养。

以重持轻：举轻若重，欲速则不达。

3.33 有面前之誉易，无背后之毁难；有乍交之欢易，无久处之厌难。

3.34 宇宙内事，要担当，又要善摆脱。不担当，则无经世之事业；不摆脱，则无出世之襟期。

［**解读**］ 入世和出世是一对矛盾，在中国古代，围绕这一问题展开了有趣的讨论，有的人说：“要以出世的精神作入世的文章”，有的人说要“入乎其内，出乎其外”，等等。

3.35 待人而留有余不尽之恩，可以维系无厌之人心；御事而留有余不尽之智，可以隄防不测之事变。

［**解读**］ 这一条说做事为人都要留余地，不能将事做绝，人为绝。

3.36 无事如有事时隄防，可以弭意外之变；有事如无事时镇定，可以销局中之危。

［**解读**］ 弭：消弭。

局中：当下。

3.37 爱是万缘之根，当知割舍；识是众欲之本，要力扫除。

［**解读**］ 佛教以不爱不憎为要，得之则喜，失之则忧，人心成为万物之“逆旅”，所以要超越得失之欲望。至于此条说的要超越“识”，更是中国哲学的重要思想。从老子的“知者不言，言者不知”到庄子的“天地有大美而不言”再到禅宗的“不立文字”，都在申述这一思想。如

董其昌说：“知之一字，众祸之门。”

3.38 舌存常见齿亡，刚强终不胜柔弱；户朽未闻枢蠹，偏执岂及乎圆融。

[解读] 老子说：“上善若水”“以柔弱胜刚强”，为此条所本。

3.39 荣宠傍边辱等待，不必扬扬；困穷背后福跟随，何须戚戚？看破有尽身躯，万境之尘缘自息；悟入无怀境界，一轮之心月独明。

[解读] 这一条说宠辱不惊、守穷固节，说淡然处世，有“无怀氏”之高怀。心月孤圆，是佛教中的境界，此一境无对待，无所执，自在圆融。

3.40 霜天闻鹤唳，雪夜听鸡鸣，得乾坤清绝之气；晴空看鸟飞，活水观鱼戏，识宇宙活泼之机。

[解读] 乾坤清气，活泼精神，是宋明理学追求的境界，对中国人的人生观以及艺术观念等都有深刻的影响。

3.41 斜阳树下，闲随老衲清谈；深雪堂中，戏与骚人白战。

[解读] 谈佛见其高逸，说文见其风骚。此一旷达境界。

3.42 山月江烟，铁笛数声，便成清赏；天风海涛，扁舟一叶，大是奇观。

[解读] 天风海浪中，有一叶扁舟，自在逍遥，真是人间胜境。

3.43 秋风闭户，夜雨挑灯，卧读《离骚》泪下；霁日寻芳，春宵载酒，闲歌《乐府》神怡。

[解读]　读《离骚》，见沉痛，吟《乐府》，见风情，都具峭拔之韵。

3.44　云水中载酒，松篁里煎茶，岂必銮坡侍宴；山林下著书，花鸟间得句，何须凤沼挥毫？

[解读]　銮坡、凤沼，说的是高贵之所，而此条说要随地而安，关键是心灵的悦适，而不是外在的排场。

3.45　人生不好古，象鼎牺尊，变为瓦缶；世道不怜才，凤毛麟角，化作灰尘。

[解读]　高古，是一种深沉的历史感，对文化、对历史有一种发自心衷的崇尚。

3.46　要做男子，须负刚肠；欲学古人，当坚苦志。

[解读]　当坚苦志，这是中华民族昂奋精神的重要组成部分。

3.47　风尘善病，伏枕处一片青山；岁月长吟，操觚时千篇《白雪》。

[解读]　风尘善病，伏枕处一片青山。风尘地为伐性之地，一片青山，表面意思是黑发脱落，深层的含义是辜负了大好河山，辜负了有意义的世界。

觚：古代的一种乐器。

《白雪》：即《阳春白雪》，代指高雅之曲。

3.48　亲兄弟析箸，璧合翻作瓜分；士大夫爱钱，书香化为铜臭。心为形役，尘世马牛；身被名牵，樊笼鸡鹜。

[解读]　析箸：形容兄弟反目。

樊笼鸡鹜：意为人为名利所牵，就如笼子里的鸡和鸭。

3.49　懒见俗人，权辞托病；怕逢尘事，诡迹逃禅。

[解读]　诡迹逃禅：假装说自己参禅。

3.50　人不通古今，襟裾马牛；士不晓廉耻，衣冠狗彘。

[解读]　人不通古今，不懂历史，就像穿着衣服的马牛。

彘：猪。

3.51　道院吹笙，松风袅袅；空门洗钵，花雨纷纷。

[解读]　这一条表达对道禅境界的向往。

3.52　囊无阿堵，岂便求人？盘有水晶，犹堪留客。

[解读]　阿堵：吴地方言，那个。此指钱。

3.53　种两顷负郭田，量晴较雨；寻几个知心友，弄月嘲风。

3.54　着屐登山，翠微中独逢老衲；乘桴浮海，雪浪里群傍闲鸥。

[解读]　李白《梦游天姥吟留别》："脚踏谢公屐，身登青云梯。"孔子说："道不行，乘桴浮于海。"

3.55　才士不妨泛驾，辕下驹，吾弗愿也；诤臣岂合模棱，殿上虎，君无尤焉。

[解读]　辕下驹：形容胆小。

殿上虎：意思是敢于进谏。

尤：忧虑。君主得好谏之臣，国家无忧。

3.56 荷钱榆荚，飞来都作青蚨；柔玉温香，观想可成白骨。

［解读］ 青蚨：钱币的别称。

3.57 旅馆题蕉，一路留来魂梦谱；客途惊雁，半天寄落别离书。

［解读］ 题蕉：在芭蕉叶子上题诗。

3.58 歌儿带烟霞之致，舞女具丘壑之资。生成世外风姿，不惯尘中物色。

［解读］ 在风月场上，作山林之思，意思是有清逸的情致，不能等同俗物。

3.59 今古文章，只在苏东坡鼻端定优劣；一时人品，却从阮嗣宗眼内别雌黄。

［解读］ 阮嗣宗：阮籍。

雌黄：喜欢议论别人，品评高下。阮籍一生不喜臧否人物。

3.60 魑魅满前，笑著阮家无鬼论；炎嚣阅世，愁披刘氏北风图。气夺山川，色结烟霞。

［解读］ 笑著阮家无鬼论：晋阮瞻，主张无鬼论。

刘氏北风图：元人刘性初在破庙里读书，北风呼啸，他全然不觉，当时人曾作《北风图》以记其事。

3.61 诗思在灞陵桥上，微吟处，林岫便已浩然；野趣在镜湖曲边，独往时，山川自相映发。

[解读] 唐刘长卿诗云：“归去萧条灞陵上，几人看葬李将军。”《世说新语》载，王献之道：“在山阴道上行，山川自相映发，使人应接不暇。若秋冬之际，尤难为怀。”

3.62 至音不合众听，故伯牙绝弦；至宝不同众好，故卞和泣玉。

[解读] 钟子期死，伯牙绝琴；众人不识宝玉，卞和泣下。英雄要有赏识人。

3.63 看文字，须如猛将用兵，直是鏖战一阵；亦如酷吏治狱，直是推勘到底，决不恕他。

[解读] 这一条说的是作文章要推敲。

3.64 名山乏侣，不解壁上芒鞋；好景无诗，虚携囊中锦字。

[解读] 芒鞋踏破岭头云，但登山无伴侣，自无趣味。

3.65 辽水无极，雁山参云；闺中风暖，陌上草薰。

[解读] 欧阳修《踏莎行》：“候馆梅残，溪桥柳细，草薰风暖摇征辔。离愁渐远渐无穷，迢迢不断如春水。寸寸柔肠，盈盈粉泪，楼高莫近危阑倚。平芜尽处是春山，行人更在春山外。”

3.66 秋露如珠，秋月如珪。明月白露，光阴往来。与子之别，心思徘徊。

[解读] 珪：珪玉。

3.67 声应气求之夫，决不在于寻行数墨之士；风行水上之文，决不在于一句一字之奇。

[解读] 声应气求之夫：志同道合的人，在大处着眼，而不是斤斤计较于字句。

风行水上之文：《周易·涣》象辞曰："风行水上，涣。"风行水上之文，即自然而然之文。

3.68 借他人之酒杯，浇自己之块垒。

[解读] 块垒：郁闷。

3.69 春至不知湘水深，日暮忘却巴陵道。

[解读] 湘江水深，巴陵道曲，做人应如此，要有内涵，有曲折含玩之趣。

3.70 奇曲雅乐，所以禁淫也；锦绣黼黻，所以御暴也：缛则太过。是以檀卿刺郑声，周人伤北里。静若清夜之列宿，动若流彗之互奔。振骏气以摆雷，飞雄光以倒电。

[解读] 黼黻：华美的装饰纹理。

郑声：春秋时郑国的音乐，孔子说："郑声淫。"后以郑声代表粗俗淫荡之音。

列宿：星星布列。宿（xiù），星星。

3.71 停之如栖鹄，挥之如惊鸿。飘缨蕤于轩幌，发晖曜于群龙。始缘甍而冒栋，终开帘而入隙。初便娟于墀庑，末萦盈于帷席。云气荫于丛蓍，金精养于秋菊。落叶半床，狂花满屋。

[解读] 蕤（ruí）：鲜艳灿烂的样子。

甍（méng）：屋脊。

便娟：清秀流畅的样子。

丛著：这里指草丛。

3.72 雨送添砚之水，竹供扫榻之风。血三年而藏碧，魂一变而成红。举黄花而乘月艳，笼黛叶而卷云翘。

3.73 垂纶帘外，疑钩势之重悬；透影窗中，若镜光之开照。叠轻蕊而矜暖，布重泥而讶湿。迹似连珠，形如聚粒。霄光分晓，出虚窦以双飞；微阴合暝，舞低檐而并入。

[解读] 疑钩势之重悬：此句写月光。

叠轻蕊而矜暖，布重泥而讶湿：这两句写初春的景色。

3.74 任他极有见识，看得假，认不得真；随你极有聪明，卖得巧，藏不得拙。伤心之事，即懦夫亦动怒发；快心之举，虽愁人亦开笑颜。论官府不如论帝王，以佐史臣之不逮；谈闺阃不如谈艳丽，以补风人之见遗。

[解读] 闺阃：闺阁，引为女人之事。

艳丽：这里指普通人的情爱世界。暗喻《诗经》。

风人：教化人的人。

3.75 是技皆可成名，天下唯无技之人最苦；片技即足自立，天下唯多技之人最劳。

3.76 傲骨、侠骨、媚骨，即枯骨可致千金；冷语、隽语、韵语，即片语亦重九鼎。

[解读] 傲骨、侠骨、媚骨，都是一个豪士所应具有的胸怀。

冷语、隽语、韵语，都是一个高士所应藏着的肝肠。

3.77 议生草莽无轻重，论到家庭无是非。圣贤不白之衷，托之日月；天地不平之气，托之风雷。风流易荡，佯狂易颠。

［解读］ 议生草莽无轻重，意思是没有文化的人说话没有轻重，信口开河。论到家庭无是非，清官难断家务事。

不白之衷：没有表达的内心。

3.78 书载茂先三十乘，便可移家；囊无子美一文钱，尽堪结客。有作用者，器宇定是不凡；有受用者，才情决然不露。

［解读］ 茂先：晋文学家张华，字茂先。

子美：杜甫。

3.79 松枝自是幽人笔，竹叶常浮野客杯。且与少年饮美酒，往来射猎西山头。瑶草与芳兰而并茂，苍松齐古柏以增龄。

［解读］ 这一条写幽人雅韵，凡俗之人难到。

3.80 好山当户天呈画，古寺为邻僧报钟。群鸿戏海，野鹤游天。

［解读］ 群鸿戏海，野鹤游天：这两句作为此集之结，确可见“峭”之内涵。

卷四　集灵

天下有一言之微而千古如新，一字大义而百世如见者，安可泯灭之！故风雷雨露，天之灵；山川民物，地之灵；语言文字，人之灵。毕三才之用，无非一“灵”以神其间，而又何可泯灭之！集灵第四。

4.1　投刺空劳，原非生计；曳裾自屈，岂是交游？

［解读］　投刺，古代礼节，见人前通报姓名，以求相见。刺，指的是名刺，或者名帖。投刺空劳原非生计，意思是走门子，找关系，原非正道。

曳裾自屈：意为卑躬屈膝。

4.2　事遇快意处当转，言遇快意处当住。

［解读］　得好见收，不要流连，不要有非分之想。

4.3　俭为贤德，不可着意求贤；贫是美称，只在难居其美。

［解读］　刻意求俭，可能流于虚伪。以贫穷为美德，也是妄见。

4.4　志要高华，趣要淡泊。

［解读］　高华：高尚华美。立志在高，但趣味不在求高，淡泊即是高。如果一味求高雅，反而丧失本真。

4.5　眼里无点灰尘，方可读书千卷；胸中没些渣滓，才能处世一番。

［解读］　这里提倡的是清净地做人和清醒地处世，不要过分清高，水至清则无鱼。

4.6　眉上几分愁，且去观棋酌酒；心中多少乐，只来种竹浇花。

4.7　茅屋竹窗，贫中之趣，何须脚到李侯门？草帖画谱，闲里所需，直恁心游杨子宅。

［解读］　李侯门：指东汉李膺之门。李膺臧否时政，品评人物，名气很大，“士有被其容接者，名为‘登龙门’”。

直恁：如此。

杨子宅：疑指扬雄，他主张书者，心画也。这句的意思是利用书画等来寄托情怀。

4.8　好香用以熏德，好纸用以垂世；好笔用以生花，好墨用以焕彩；好茶用以涤烦，好酒用以消忧。

［解读］　一切物品都不是为了自我享受，而都是用以培植自我德行的工具。

4.9　声色娱情，何若净几明窗，一坐息顷；利荣驰念，何若名山胜景，一登临时。

［解读］　一坐息顷：当下此刻的闲静，忘记烦恼。

利荣驰念：荣华富贵等功利的浮躁念头。

4.10　竹篱茅舍，石屋花轩；松柏群吟，藤萝翳景；流水绕户，飞泉挂檐；烟霞欲栖，林壑将暝。中处野叟山翁四五，余以闲身，作此中主人。坐沉红日，看遍青山；消我情肠，任他冷眼。

[解读]　“坐沉红日，看遍青山；消我情肠，任他冷眼。”为此段妙文的点睛之笔，作者为什么要逃到青山绿水中陶冶情操，主要是为了安顿自己屡遭“冷眼”而受伤的心灵。

4.11　问妇索酿，瓮有新刍；呼童煮茶，门临好客。

[解读]　新刍：刚刚酿好的美酒。

4.12　花前解珮，湖上停桡。弄月放歌，采莲高醉。晴云微袅，渔笛沧浪。华句一垂，江山共峙。

[解读]　桡（náo）：用来划船的桨。

晴云微袅：晴云袅袅，轻轻飘动。

渔笛沧浪：渔笛在沧浪之水中荡漾。

华句一垂，江山共峙：受此方山水感染，吟出一诗，但见江山为之耸峙。我感动了山水，山水感动了我，我和山水为一。

4.13　胸中有灵丹一粒，方能点化俗情，摆脱世故。

[解读]　此条意思是，人须有高逸的情致，即可除却俗念。

4.14　独坐丹房，潇然无事，烹茶一壶，烧香一炷，看达摩面壁图。垂帘少顷，不觉心静神清，气柔息定，濛濛然如混沌境界。意者揖达摩，与之乘槎而见麻姑也。

[解读]　达摩面壁图：菩提达摩为南天竺人，在梁武帝时从广东一带来到中土，曾在嵩山少林寺修炼，面壁九年。禅宗以他为初祖。

气柔息定：气息柔和宁定。

乘槎：乘着木筏。

麻姑：道教传说中的仙姑。

4.15 无端妖冶，终成泉下骷髅；有分功名，自是梦中蝴蝶。

［解读］ 妖冶：风骚放荡。

4.16 累月独处，一室萧条。取云霞为侣伴，引青松为心知。或稚子老翁，闲中来过。浊酒一壶，蹲鸱一盂，相共开笑口。所谈浮生闲话，绝不及市朝。客去关门，了无报谢。如是毕余生足矣。

［解读］ 一室萧条：一室宁静寂寞。

心知：知心朋友。

蹲鸱一盂：大芋头，形似蹲着的大鸟。

市朝：喧嚣社会中的事情。

了无：毫无。

4.17 半坞白云耕不尽，一潭明月钓无痕。

［解读］ 悠然高蹈，无拘无束，月无痕，水无痕，心无痕，不沾滞于物，在白云中耕耘。

4.18 茅檐外忽闻犬吠鸡鸣，恍似云中世界；竹窗下惟有蝉吟鹊噪；方知静里乾坤。

［解读］ 云中世界：方外世界，超越于尘世的境界。

4.19 如今休去便休去，若觅了时无了时。若能行乐，即今便好快活。身上无病，心上无事。春鸟是笙歌，春花是粉黛。闲得一刻，即为一刻之乐，何必情欲乃为乐耶！

［解读］ 心中怡然即快乐，不必到情欲场上去较量，不必到功利

苑下折腰，休去便休去，就像禅宗所谓，伸脚睡觉，渴来饮茶，一切得大自在。

禅宗有“休去，歇去，冷湫湫地去，一念万年去，寒灰枯木去，古庙香炉去，一条白练去”的著名话头。

4.20 开眼便觉天地阔，挝鼓非狂；林卧不知寒暑更，上床空算。

[解读] 挝鼓：敲鼓。东汉祢衡裸露身体，击鼓，辱骂曹操。这里说的是潇洒的境界。

上床空算，用东汉时陈登轻视许汜，让其睡下床的典故。

4.21 惟俭可以助廉，惟恕可以成德。

4.22 山泽未必有异士，异士未必在山泽。

[解读] 异士：行为怪诞、思想独特、智慧超群的一类人。

4.23 业净六根成慧眼，身无一物到茅庵。

[解读] 六根：佛教以眼耳鼻舌身意为六根。

4.24 人生莫如闲，太闲反生恶业；人生莫如清，太清反类俗情。不是一番寒彻骨，怎得梅花扑鼻香？念头稍缓时，便庄诵一遍。梦以昨日为前身，可以今夕为来世。

[解读] 恶业：劣等根性。

庄诵：庄重地诵读。

4.25 读史要耐讹字，正如登山耐仄路，踏雪耐危桥，闲居耐俗汉，看花耐恶酒，此方得力。

[解读]　这里提出五个“耐”倒很独特，人不仅要有耐性，还要有灵性，耐性可以助灵性。

讹：虚假。这里指读史要注意其微言大义。

仄：这里指偏狭的山路。

4.26　世外交情，惟山而已。须有大观眼、济胜具、久住缘，方许与之为莫逆。

[解读]　大观眼、济胜具、久住缘：均为佛教的术语。大观眼指勘破世相的智慧眼光；济胜具指登临山水的体质；久住缘指长久存在的福缘。

4.27　九山散樵迹，俗间徜徉自肆，遇佳山水处，盘礴箕踞；四顾无人，则划然长啸，声振林木。有客造榻，与语，对曰：“余方游华胥，接羲皇，未暇理君语。”客之去留，萧然不以为意。

[解读]　樵：此指樵夫，打柴人。

盘礴：指将衣服脱去。

箕踞：盘腿而坐。这都指放肆的动作。

有客造榻：有客到床边造访。

华胥：梦境。古人将梦境称为华胥国。

羲皇：即伏羲。

明人李绍文《皇明世说新语》中记载：“九山散樵，不著姓字，倦则偃息樵窝中，客造榻，与语，辄谢曰：‘余方游华胥，接羲皇，未暇理君语。’”

4.28　择地纳凉，不若先除热恼；执鞭求富，何如急遣穷愁。

4.29 万壑疏风清两耳，闻世语，急须敲玉磬三声；九天凉月净初心，诵其经，胜似撞金钟百下。

[解读] 闻世语：听到世间俗语。

净初心：洁净心灵，使自己回到自己的本心。

4.30 无事而忧，对景不乐，即自家亦不知是何缘故。这便是一座活地狱，更说甚么铜床铁柱、剑树刀山也。

4.31 烦恼之场，何种不有？以法眼照之，奚啻蝎蹈空花。

[解读] 法眼：以得道之人的眼光观之。

奚啻蝎蹈空花：与蝎子攀附在空花之上有什么区别，在烦恼之场流连，不仅毫无用处，而且贻害多端。

4.32 上高山，入深林，穷回溪、幽泉、怪石，无远不到。到则拂草而坐，倾壶而醉；醉则更相枕藉以卧，意亦甚适，梦亦同趣。

[解读] 回溪：回环流淌的潺潺小溪。

枕藉以卧：以对方的身体为枕头而睡。

4.33 闭门阅佛书，开门接佳客，出门寻山水，此人生三乐。

[解读] 此为高人逸趣，俗人难到也。

4.34 客散门扃，风微日落，碧月皎皎当空，花阴徐徐满地。近檐鸟宿，远寺钟鸣，茶铛初熟，酒瓮乍开，不成八韵新诗，毕竟一团俗气。

[解读]　门扃：关门。

茶铛：茶壶。

俗气：此指融和气息。

4.35　不作风波于世上，自无冰炭到胸中。

[解读]　风波世上：意为在世上经历了曲折危难。

冰炭：冷热。此指是非爱憎观念。与“不经一番寒彻骨，怎得梅花扑鼻”香意相近。

4.36　秋月当天，纤云都净，露坐空阔去处，清光冷浸，此身如在水晶宫里，令人心胆澄彻。

[解读]　此一景可用冰壶莹澈，水镜渊停形容之。

4.37　遗子黄金满籯，不如教子一经。

[解读]　遗（wèi）：赠送，传留。

籯（yíng）：箱笼类的竹木制品。

经：指儒家经典。

4.38　凡醉各有所宜：醉花宜昼，袭其光也；醉雪宜夜，清其思也；醉得意宜唱，宣其和也；醉将离宜击钵，壮其神也；醉文人宜谨节奏，畏其侮也；醉俊人宜益觥盂加旗帜，助其烈也；醉楼宜暑，资其清也；醉水宜秋，泛其爽也。此皆审其宜，考其景，反此，则失饮矣。

[解读]　醉酒也有分数，真是独出肝肠。然其分别确有深意，咀嚼再三，意味渐浓。如醉雪宜夜，想象雪夜醉饮，对漫天皑皑白雪，望天上凄凄月光，亮也非亮，远也非远，梦也非梦，真不知自己徜徉于何世。

4.39 竹风一阵，飘飏茶灶疏烟；梅月半弯，掩映书窗残雪。

[解读] 竹韵，梅韵，书韵，尽是雅韵，脱略凡尘，棣通太音。

4.40 厨冷分山翠，楼空入水烟。

4.41 闲疏滞叶通邻水，拟典荒居作小山。

[解读] 拟典荒居：想典来荒居。

4.42 聪明而修洁，上帝固录清虚；文墨而贪残，冥官不受辞赋。破除烦恼，二更山寺木鱼声；见彻性灵，一点云堂优钵影。兴来醉倒落花前，天地即为衾枕；机息忘怀磐石上，古今尽属蜉蝣。

[解读] 云堂优钵影：云堂，即佛堂。优钵，青莲花的音译。此比喻清净本心。

衾枕：被子和枕头。

机息：烦琐的心念都歇息。

古今尽属蜉蝣：古今多少事，尽付笑谈中。

4.43 老树着花，更觉生机郁勃；秋禽弄舌，转令幽兴潇疏。

[解读] 潇疏：潇洒疏旷。

4.44 完得心上之本来，方可言了心；尽得世间之常道，才堪论出世。

[解读] 完得心上之本来：回归完然具足之本心。

4.45 雪后寻梅，霜前访菊，雨际护兰，风外听竹，固野客之闲情，实文人之深趣。

[解读] 此中境界多有挠人处，使你不能自已，使你觉得你生活的闹市、闹市中所具有的喧嚣、喧嚣中所包含的乏味，真与此一境界有霄壤之别。

何时更借山间月，野客从容夜敲门。

4.46 结一草堂，南洞庭月，北峨眉雪，东泰岱松，西潇湘竹，中具晋高僧支法八尺沉香床，浴罢温泉，投床酣睡，以此避暑，讵不乐乎！

[解读] 泰岱：泰山。

支法：支法存，晋时高僧，善医术，传他有八尺沉香床，为人所艳羡，终因此而丧命。

4.47 人有一字不识，而多诗意；一偈不参，而多禅意；一勺不濡，而多酒意；一石不晓，而多画意：淡宕故也。

[解读] 偈：含有佛教玄意的文字，一般为韵文。

这一条从理论上说，含有深意，人人可以成诗人，诗并不是为诗人独具，诗的内核不仅在它的文字形式，更在它的内涵，它的精神。人有疏淡之怀，便有诗意。

4.48 以看世人青白眼转而看书，则圣贤之真见识；以议论人雌黄口转而论史，则左狐之真是非。

[解读] 雌黄：信口雌黄，随便评说，没有准的。

左狐：左丘明，董狐，二人为我国上古时期著名史学家。

4.49 事到全美处，怨我者不能开指摘之端；行到至污处，爱我者不能施掩护之法。

［解读］ 求全责备，追求完美，是一种理想，人人都想具有，但天下没有绝对完美的事情，所以，必须要有通达的心胸来对待这一类问题。

4.50 必出世者，方能入世，不则世缘易堕；必入世者，方能出世，不则空趣难持。

［解读］ 以出世的胸怀来作入世的文章，以出世的高蹈精神来作入世的事业。

不则：否则。

世缘：俗世。

4.51 调性之法，急则佩韦，缓则佩弦；谐情之法，水则从舟，陆则从车。

［解读］ 急则佩韦，缓则佩弦：韦，去毛加工的柔软动物皮革。弦，弓弦。二者一弛一张，用以提醒配者的处世态度。《韩非子·观行》记载“西门豹之性急，故佩韦以自缓；董安于之心缓，故佩弦以自急。”

4.52 才人之行多放，当以正敛之；正人之行多板，当以趣通之。

［解读］ 此一条真知世之言也。

4.53 人有不及，可以情恕；非义相干，可以理遣。佩此两言，足以游世。

［解读］ 这里说的两条处世的原则，他人如果有做得不好的地方，要用“恕”道对待他；他人如果做了与礼义相违背的事情，可以从

"理"上去晓谕他。

4.54 冬起欲迟，夏起欲早；春睡欲足，午睡欲少。

4.55 无事当学白乐天之嗒然，有客宜仿李建勋之击磬。

[**解读**] 白乐天：唐诗人白居易，字乐天。

嗒然：《庄子》中形容人物我两忘的神情为"嗒然似丧其耦"。

4.56 郊居，诛茅结屋，云霞栖梁栋之间，竹树在汀洲之外；与二三同调，望衡对宇，联捷巷陌，风天雪夜，买酒相呼；此时觉曲生气味，十倍市饮。

[**解读**] 二三同调：几个意气相投的朋友。

望衡对宇：对着房屋的栋宇。

联捷巷陌：一起在街道上奔走。

曲生：酒。

4.57 万事皆易满足，惟读书终身无尽，人何不以不知足一念加之书？又云：读书如服药，药多力自行。

4.58 醉后辄作草书十数行，便觉酒气拂拂，从十指中出去也。

[**解读**] 唐书家张旭说："醉来随意三两行，醒来欲书书不得。"

4.59 书引藤为架，人将薜为衣。

[**解读**] 薜：薜荔，野生植物，常攀缘于山野林木或屋壁之上。此借指隐者或高士的衣服。

4.60 从江干溪畔箕踞石上听水声，浩浩潺潺，粼粼泠泠，恰似一部天然之乐韵，疑有湘灵在水中鼓瑟也。

[解读] 江干：江岸。

粼粼泠泠：形容日光照在水面形成的波光粼粼的形象，以及微波淡荡所发出的清越的声响。

湘灵：潇湘神灵。

4.61 鸿中叠石，未论高下，但有木阴水气，便自超绝。

[解读] 叠石：古以叠山理水来指代园林的营建。

鸿中：疑指飞鸿灭没中，即选取一个空灵而有韵味的处所，因地制宜。

4.62 段由夫携瑟，就松风涧响之间，曰："三者皆自然之声，正合类聚。"高卧闲窗，绿阴清昼，天地何其寥廓也。

[解读] 据冯贽撰《云仙杂记》卷六载："段由夫携琴，就松风涧响之间，曰：三者皆自然之声，正合类聚。"

三者：指琴声、松风声、水声。

4.63 少学琴书，偶爱清净。开卷有得，便欣然忘食。见树木交映，时鸟变声，亦复欢然有喜。常言五六月，卧北窗下，遇凉风暂至，自谓羲皇上人。

[解读] 此集陶渊明诸文而成，陶渊明在《五柳先生传》中说："先生不知何许人也，亦不详其姓字，宅边有五柳树，因以为号焉。闲静少言，不慕荣利。好读书，不求甚解；每有会意，便欣然忘食。性嗜酒，而家贫不能恒得。亲旧知其如此，或置酒招之，造饮辄尽，期在必醉；既醉而退，曾不吝情去留。环堵萧然，不蔽风日；短褐穿结，箪瓢屡空，晏如也。尝著文章自娱，颇示己志。忘怀得失，以此自终。"

他在《与子俨等疏》中说："常言五六月中，北窗下卧，遇凉风暂至，自谓是羲皇上人。"

4.64 空山听雨，是人生如意事。听雨必于空山破寺中，寒雨围炉，可以烧败叶，烹鲜笋。

[解读] 空山，是中国艺术的重要境界。

4.65 鸟啼花落，欣然有会于心。遣小奴，挈瘿樽，酤白酒，釂一梨花瓷盏，急取诗卷，快读一过以咽之，萧然不知其在尘埃间也。

[解读] 挈瘿樽：拿着一个用怪异木根做成的酒器。

酤：买酒。

釂（jué）：酒杯。

4.66 闭门即是深山，读书随处净土。

[解读] 净土：佛教以西方极乐世界为净土。

4.67 千岩竞秀，万壑争流，草木蒙茏其上，若云兴霞蔚。

[解读] 此为晋顾恺之语，一次，他到会稽游玩，回来后，人问那里的山水如何，他说了上面一段话。

4.68 从山阴道上行，山川自相映发，使人应接不暇。若秋冬之际，犹难为怀。

[解读] 这是王献之欣赏浙江山水的一段话。

4.69 欲见圣人气象，须于自己胸中洁净时观之。

4.70 执笔惟凭于手熟，为文每事于口占。

[解读] 这一条说作文，要成竹在胸。

4.71 箕踞于斑竹林中，徙倚于青矶石上。所有道笈梵书，或校雠四五字，或参讽一两章。茶不甚精，壶亦不燥；香不甚良，灰亦不死。短琴无曲而有弦，长讴无腔而有音。激气发于林樾，好风逆之水涯。若非羲皇以上，定亦嵇阮之间。

[解读] 此段见明高元浚撰《茶乘》："箕踞斑竹林中，徙倚青石几上，所有道笈梵书，或校雠四五字，或参讽一两章。茶不甚精，壶亦不燥，香不甚良，灰亦不死。短琴无曲而有弦，长歌无腔而有音。激气发于林樾，好风送之水涯。若非羲皇以上，定亦嵇阮兄弟之间。"

道笈：道教的典籍。

梵书：佛教的书籍。

校雠：校勘，校订。

参讽：参悟吟诵。

林樾：树梢。

嵇阮：指嵇康和阮籍。

4.72 闻人善则疑之，闻人恶则信之，此满腔杀机也。

4.73 士君子尽心利济，使海内少他不得，则天亦自然少他不得，即此便是立命。

[解读] 利济：大济苍生，兼济天下。

海内：天下。

立命：儒家主张为天地立心，为生民立命，为往圣续绝学，为万世开太平。

4.74 读书不独变气质，且能养精神，盖理义收摄故也。

[解读] 此为南宋理学家朱熹的观点，他主张读书可以改变人的气质。

4.75 周旋人事后，当诵一部清净经；吊丧问疾后，当念一遍扯淡歌。

[解读] 清净经：清净的经书，此指佛经。因为周旋人事后，沾染了很多俗念，须佛经来荡涤衷肠。

扯淡歌：平淡的坦然的歌，因为吊丧以后心情难受，为了抚平心灵。

4.76 卧石不嫌于斜，立石不嫌于细，倚石不嫌于薄，盆石不嫌于巧，山石不嫌于拙。

[解读] 这五石分别，很见心巧，此语颇入园林三昧。

4.77 雨过生凉，境闲情适，邻家笛韵，与晴云断雨相逐，听之声声入肺肠。

[解读] 最是邻家笛韵妙，恰在雨过天晴时，恰在霁云淡荡际。

4.78 不惜费，必至于空乏而求人；不受享，无怪乎守财而遗诮。

[解读] 遗诮：授人以话柄。

4.79 园亭若无一段山林景况，只以壮丽相炫，便觉俗气扑人。

[解读] 计成在《园冶》中，强调园林要有山林气息，他说："凡结林园，无分村郭。地偏为胜，开林择剪蓬蒿；景到随机，在涧共修兰芷。径缘三益，业拟千秋，围墙隐约于萝间，架屋蜿蜒于木末。山楼凭

远，纵木皆然；竹坞寻幽，醉心即是。轩楹高爽，窗户虚邻；纳千顷之汪洋，收四时之烂漫。”

4.80 餐霞吸露，聊驻红颜；弄月嘲风，闲销白日。

4.81 清之品有五：睹标致发厌俗之心，见精洁动出尘之想，名曰清兴；知蓄书史，能亲笔砚，布景物有趣，种花木有方，名曰清致；纸裹中窥钱，瓦瓶中藏粟，困顿于荒野，摈弃乎血属，名曰清苦；指幽僻之耽，夸以为高，好言动之异，标以为放，名曰清狂；博极今古，适情泉石，文润带烟霞，行事绝尘俗，名曰清奇。

[解读] 标致：美好的景色。

血属：血气之属，这里指人类。

幽僻之耽：喜欢在幽僻的地方独处。

4.82 对棋不若观棋，观棋不若弹瑟，弹瑟不若听琴。古云：“但识琴中趣，何劳弦上音。”斯言信然。

[解读] “但识琴中趣，何劳弦上音”，为东坡诗。

4.83 弈秋往矣，伯牙往矣，千百世之下，止存遗谱，似不能尽有益于人。唯诗文字画，足为传世之珍，垂名不朽。总之，身后名不若生前酒耳。

[解读] 弈秋：传说上古时期的高明的棋人。《孟子·告子上》：“弈秋，通国之善弈者也。”

伯牙：春秋时期的高明的琴师。

4.84 君子虽不过信人，君子断不过疑人。

4.85 人只把不如我者较量，则自知足。

4.86 折胶铄石，虽累变于岁时；热恼清凉，原只在于心境。所以佛国都无寒暑，仙都长似三春。

[解读] 折胶铄石，虽累变于岁时，意思是胶可折，石可枯，时间的流动，摧毁一切。

佛国：佛教的极乐世界。

4.87 鸟栖高枝，弹射难加；鱼潜深渊，网钓不及；士隐岩穴，祸患焉至？

[解读] 这一条为隐居者找理由。

4.88 于射而得揖让，于棋而得征诛，于忙而得伊周，于闲而得巢许，于醉而得瞿昙，于病而得老庄，于饮食衣服、出作入息而得孔子。

[解读] 于射而得揖让：《周礼》中的射礼。

伊周：伊尹、周公，古代的贤相。

巢许：上古时的隐士巢父、许由。

瞿昙：指佛教。

4.89 前人云："昼短苦夜长，何不秉烛游？"不当草草看过。

[解读] 此诗出自《古诗十九首》。

4.90 优人代古人语，代古人笑，代古人愤。今文人为文似之。优人登台肖古人，下台还优人。今文人为文又似之。假令古人见今人文，当何如愤，何如笑，何如语？

［解读］ 这一条对文人喜欢模古，成为优孟衣冠的恶习进行了抨击。

4.91 看书只要理路通透，不可拘泥旧说，更不可附会新说。

4.92 简傲不可谓高，谄谀不可谓谦，刻薄不可谓严明，阘茸不可谓宽大。

［解读］ 阘（tà）茸：方言，章太炎《新方言》："阘为小户，茸为小草。"意为卑贱。

4.93 作诗能把眼前光景、胸中情趣一笔写出，便是作手，不必说唐说宋。

4.94 少年休笑老年颠，及得老时颠一般。只怕不到颠时老，老年何暇笑少年？

［解读］ 颠：同"癫"，癫狂。

4.95 饥寒困苦，福将至已；饱饫宴游，祸将生焉。

［解读］ 饱饫（yù）宴游：天天在宴席上吃得饱饱的。

4.96 打透生死关，生来也罢，死来也罢；参破名利场，得了也好，失了也好。

4.97 混迹尘中，高视物外；陶情杯酒，寄兴篇咏；藏名一时，尚友千古。

[解读]　尚友千古：以千古的人为朋友，意思是与千古以来的人作性灵的交谈。

4.98　痴矣狂客，酷好宾朋；贤哉细君，无违夫子。醉人盈座，簪裾半尽酒家；食客满堂，瓶瓮不离米肆。灯火荧荧，且耽夜酌；爨烟寂寂，安问晨炊？生来不解攒眉，老去弥堪鼓腹。

[解读]　簪裾：这里指陪酒的女子。

爨烟：炊烟。

攒眉：皱眉。

4.99　皮囊速坏，神识常存，杀万命以养皮囊，罪卒归于神识；佛性无边，经书有限，穷万卷以求佛性，得不属于经书。

[解读]　皮囊速坏，神识常存，意思是人的肉体很快就会腐朽，但人的精神是长存的。

卒：最终。

4.100　人胜我无害，彼无蓄怨之心；我胜人非福，恐有不测之祸。

4.101　书屋前，列曲槛栽花，凿方池浸月，引活水养鱼；小窗下，焚清香读书，设净几鼓琴，卷疏帘看鹤，登高楼饮酒。

[解读]　这一条说文人的雅兴，总之在说潇洒倜傥的情怀。

4.102　人人爱睡，知其味者甚鲜。睡则双眼一合，百事俱忘，肢体皆适，尘劳尽消，即黄粱南柯，特余事已耳。静修诗云："书外论交睡最贤。"旨哉言也。

［解读］　元刘因（字静修）诗云："闲中作计饱为上，书外论交睡最贤。"

4.103　过分求福，适以速祸；安分避祸，将自得福。

［解读］　速：招致。

4.104　倚势而凌人，势败而人凌；恃财而侮人，财散而人侮，循环之道。我争者，人必争，虽极力争之，未必得；我让者，人必让，虽极力让之，未必失。

［解读］　这一条语言很平实，但说的道理则很深刻，它是对我国古代行为方式的一种概括，不争，谦让。争与让原是一个问题的两个方面。

4.105　贫不能享客，而好结客；老不能徇世，而好维世；穷不能买书，而好读奇书。

［解读］　徇世：追逐世事。

维世：恬然的生存。

4.106　沧海日，赤城霞，峨眉雪，巫峡云，洞庭月，潇湘雨，彭蠡烟，广陵涛，庐山瀑布，合宇宙奇观，绘吾斋壁；

少陵诗，摩诘画，左传文，马迁史，薛涛笺，右军帖，南华经，相如赋，屈子《离骚》，收古今绝艺，置我山窗。

［解读］　少陵诗：杜甫诗。

摩诘画：王维的画，王维被视为南宗画的宗师。

马迁史：司马迁的《史记》。

薛涛笺：唐女诗人薛涛的书笺。

右军帖：王羲之的法帖。

南华经：道教将《庄子》称为《南华经》。

相如赋：西汉司马相如擅长作大赋，如《子虚赋》《上林赋》。

4.107 偶饭淮阴，定万古英雄之眼，自有一段真趣，纷扰不宁者，何能得此？醉题便殿，生千秋风雅之光。自有一番奇特，局蹐牖下者，岂易获诸！

[解读] 偶饭淮阴，定万古英雄之眼：此指汉淮阴侯韩信之事。

蹐牖（jī yǒu）：小窗。

诸：语气词，之乎的合成。

4.108 清闲无事，坐卧随心，虽粗衣淡饭，但觉一尘不染；忧患缠身，繁扰奔忙，虽锦衣厚味，只觉万状苦愁。

4.109 我如为善，虽一介寒士，有人服其德；我如为恶，纵位极人臣，有人议其过。

4.110 读理义书，学法帖字，澄心静坐，益友清谈，小酌半醺，浇花种竹，听琴玩鹤，焚香煮茶，泛舟观山，寓意弈棋，虽有他乐，吾不易矣。

[解读] 法帖：指字帖。

益友：孔子曾把“友直友谅友多闻”说为“益者三友”。

4.111 成名每在穷苦日，败事多因得志时。

[解读] 人在得志时，不得不谨慎，人一得志，容易忘乎所以，有的人简直忘记了他姓什么了，这样的人是什么事情都可以做出的。

4.112 宠辱不惊，肝木自宁；动静以敬，心火自定；饮食有节，脾土不泄；调息寡言，肺金自全；怡神寡欲，肾水自足。

［解读］　我国古人以金木水火土五行来配人的五脏，肝属木，心属火，脾属土，肺属金，肾属水，五脏依五行的原理相生相克。

4.113　让利精于取利，逃名巧于邀名。

［解读］　元代画家倪云林说："姓名但恐有人知"，这是一种彻底的逃名。

4.114　彩笔描空，笔不落色，而空亦不受染；利刀割水，刀不损锷，而水亦不留痕。

［解读］　彩笔画空，利刀割水，无非说明大千世界一切都是空的。

4.115　唾面自干，娄师德不失为雅量；睚眦必报，郭象玄未免为祸胎。

［解读］　唐代著名宰相娄师德的弟弟出任代州刺史，行前，师德问道："我是宰相，你担任刺史，我家如此荣宠，必招人嫉妒，怎样对待此事呢？"其弟云："今后即使有人朝我脸上吐口水，我将其擦干，绝不回嘴。"师德说："我担心的正是此事，你这样做，人家以为你心中有怨恨呢。你但让唾沫不擦自干，笑而对之。"

睚眦必报，郭象玄未免为祸胎：郭象，字子玄，西晋著名玄学家。任职当权，熏灼内外，对人睚眦必报，最终招致祸害。

4.116　天下可爱的人，都是可怜人；天下可恶的人，都是可惜人。

［解读］　诗人多落魄，才士多偃蹇，多情女子命薄，壮怀义士堪怜，好人没有好报，好人多短寿，坏人一千年，等等，此条说此不平事。

4.117 事业文章，随身销毁，而精神万古如新；功名富贵，逐世转移，而气节千载一日。

［解读］ 千载一日：意为千古流传。

4.118 读书到快目处，起一切沉沦之色；说话到洞心处，破一切暧昧之私。

［解读］ 快目处：使自己高兴的地方。

4.119 谄臣媚子，极天下聪颖之人；秉正嫉邪，作世间忠直之气。

4.120 隐逸林中无荣辱，道义路上无炎凉。

4.121 名心未化，对妻孥亦自矜庄；隐衷释然，即梦寐皆成清楚。

［解读］ 此条已见前文。

4.122 闻谤而怒者，谗之囮；见誉而喜者，佞之媒。

［解读］ 囮（é）：捕鸟时用于引诱鸟的鸟，亦指媒介。佞：奸佞。

4.123 滩烛作画，正如隔帘看月；隔水看花，意在远近之间，亦文章法也。

［解读］ 滩烛作画，在灯下作画，如隔帘看月，取其渺茫，超越形似。

4.124 藏锦于心，藏绣于口，藏珠玉于咳唾，藏珍奇于笔墨。得时则藏于册府，不得时则藏于名山。

［解读］ 此条说文人之雅事。

4.125 读一篇轩快之书，宛见山青水白；听几句透彻之语，如看岳立川行。

［解读］ 轩快：明快绚烂。

4.126 读书如竹外溪流，洒然而往；咏诗如蘋末风起，勃焉而扬。

［解读］ 蘋末风起：风起于青蘋之末，为文人常言之胜境。

4.127 子弟排场，有举止而谢飞扬，难博缠头之锦；主宾御席，务廉隅而少蕴藉，终成泥塑之人。

［解读］ 缠头：古代歌女，一曲唱了，常赠以缠头（罗锦）。廉隅：指为人方正，有棱角。

4.128 取凉于箑，不若清风之徐来；激水于槔，不若甘雨之时降。

［解读］ 箑（shà）：扇子。槔：桔槔，井上用以取水的工具。

4.129 有快捷之才而无所建用，势必乘愤激之处，一逞雄风；有纵横之论而无所发明，势必乘簧鼓之场，一恣余力。

［解读］ 簧鼓之场：拨弄是非之地。

4.130 月榭凭栏，飞凌缥缈；云房启户，坐看氤氲。

［解读］　云房启户：打开建在半山上的房屋的门。

坐看氤氲：坐看白云卷舒。

4.131　发端无绪，归结还自支离；入门一差，进步终成恍惚。

［解读］　支离：散乱，支离破碎。

4.132　李纳性辨急，酷尚弈棋，每下子，安详极于宽缓。有时躁怒，家人辈密以棋具陈于前，纳睹之，便欣然改容，取子布算，都忘其恚。

［解读］　据《世说新语补》载："李纳性辨急，酷尚弈棋，每下子，安详极于宽缓，有时躁怒，家人辈则密以棋具陈于前，纳睹便欣然改容，取子布算，都忘其恚。"

恚（huì）：嗔怪。

4.133　竹里登楼，远窥韵士，聆其谈名理于坐上，而人我之相可忘；花间扫石，时候棋师，观其应危劫于枰间，而胜负之机早决。

4.134　六经为庖厨，百家为异馔，三坟为瑚琏，诸子为鼓吹，自奉得无大奢，请客未必能享。

［解读］　六经：儒家以《诗》《书》《礼》《易》《春秋》《乐》为六经。

三坟：上古三皇时代的典籍。

瑚琏：美玉。

4.135　说得一句好言，此怀庶几才好；揽了一分闲事，此身永不得闲。

［解读］　庶几：接近。

4.136　古人特爱松风，庭院皆植松。每闻其响，欣然往其下，曰："此可浣尽十年尘胃。"

［解读］　古人也爱竹，有云："此可涤尽心中尘埃。"

4.137　凡名易居，只有清名难居；凡福易享，只有清福难享。

［解读］　清名何以难当，一世的清名并不是靠地位得来，不是靠金钱得来，也不是靠你的风雅得来，而是靠你的德性，靠你的灵性。

4.138　贺兰山外虚兮怨，无定河边破镜愁。

4.139　有书癖而无剪裁，徒号书厨；惟名饮而少蕴藉，终非名饮。

［解读］　有书癖而无剪裁：意思是好书，什么书都读，什么书都藏。

4.140　飞泉数点雨非雨，空翠几重山又山。

4.141　夜者日之余，雨者月之余，冬者岁之余。当此三余，人事稍疏，正可一意学问。

［解读］　古人读书有"三余""五上"等说法，无非是要挤出点滴时间来读书。

4.142　树影横床，诗思平凌枕上；云华满纸，字意隐跃行间。

4.143 耳目宽则天地窄，争务短则日月长。

4.144 秋老洞庭，霜清彭泽。

4.145 听静夜之钟声，唤醒梦中之梦；观澄潭之月影，窥见身外之身。

［解读］ 梦中之梦，何谓也？言其在梦幻中再置一层梦幻，梦梦无穷也。

身外之身，何谓也？言其自身非我，在在总是虚幻，唯身外之身，即虚幻同于大道之体，方是自己休歇处。

4.146 事有急之不白者，宽之或自明，毋躁急以速其忿；人有操之不从者，纵之或自化，毋操切以益其顽。

［解读］ 操切：匆忙而草率。

4.147 士君子贫不能济物者，遇人痴迷处，出一言提醒之；遇人急难处，出一言解救之，亦是无量功德。

［解读］ 此已见于前文。

4.148 处父兄骨肉之变，宜从容，不宜激烈；遇朋友交游之失，宜剀切，不宜优游。

［解读］ 宜剀切：应该郑重地指出。

不宜优游：不应该事不关己，高高挂起，在一旁优游。这是另一种乡愿。

4.149 问祖宗之德泽，吾身所事者是，当念其积累之难；问子孙之福祉，吾身所贻者是，要思其倾覆之易。

［解读］ 在一个建立于血亲基础之上的伦理社会中，特别强调家庭的承传，也是通过时间之流，对人的牵系，要你不仅对你的身前负责，还要对你的身后负责。你今天的所作所为，都要在你的子孙那里得到报应。

4.150 韶光去矣，叹眼前岁月无多，可惜年华如疾马；长啸归欤，知身外功名是假，好将姓字任呼牛。

［解读］ 韶光：韶华时光。

好将姓字任呼牛：牛呼我？我呼你？姓名但恐有人知是也。

4.151 意摹古先，存古未敢反古；心持世外，厌世未能离世。

［解读］ 反古：返回古代。

4.152 苦恼世上，度不尽许多痴迷汉，人对之肠热，我对之心冷；嗜欲场中，唤不醒许多伶俐人，人对之心冷，我对之肠热。

［解读］ 嗜欲场：欲望横流的俗世。

4.153 自古及今山之胜，多妙于天成，每坏于人造。

［解读］ 这一条阐述的原理，是中国哲学的一个重要思想，就是强调自然天成，反对人为雕饰，和今天流行的“秀文化”是完全不同的。

4.154 画家之妙，皆在运笔之先。运思之际，一经点染，便减神机。长于笔者，文章即如言语；长于舌者，言语即成文章。昔人谓丹青乃无言之诗，诗句乃有言之画。余则欲丹青似诗，诗句无言，方许各臻妙境。

[解读] 诗是无形画，画是有形诗，诗中有画，画中有诗，这是唐代以后文艺学中的一个重要思想。

4.155 舞蝶游蜂，忙中之闲，闲中之忙；落花飞絮，景中之情，情中之景。

4.156 五夜鸡鸣，唤起窗前明月；一觉梦醒，看破梦里当年。

4.157 想到非非想，茫然天际白云；明至无无明，浑矣台中明月。

[解读] 想到无所想的时候，忽然荡去一切尘念，自己心灵进入一片澄明的境界中，没有冲突，没有拘束，只是一任自然，所以才有白云飘渺，自在游荡之感。

无无明，乃一片澄明的世界。

4.158 避暑深林，南风逗树；脱帽露顶，沉李浮瓜；火宅炎宫，莲花忽进。较之陶潜卧北窗下，自称羲皇上人，此乐过半矣。

[解读] 这一条写夏天的悠然感受，清凉不仅是外在的，也是内在的。

4.159 霜飞空而漫雾，雁照月而猜弦。

4.160 既景华而凋彩，亦密照而疏明。若春隰之扬花，似秋汉之含星。景澄则岩岫开镜，风生则芳树流芬。

［解读］ 隰（xí）：湿地。

扬花：指鲜花绽放。

岫（xiù）：小山。

4.161 类君子之有道，入暗室而不欺；同至人之无迹，怀明义以应时。

［解读］ 此句出自骆宾王《萤火赋》：比喻自觉不做坏事，才能心安理得，无所畏惧。

4.162 一翻一覆兮如掌，一死一生兮若轮。

［解读］ 易如反掌，死生一如。

卷五　集素

袁石公云：长安风雪夜，古庙冷铺中，乞儿丐僧，齁齁如雷吼；而白髭老贵人，拥锦下帷，求一合眼不得。呜呼！松间明月，槛外青山，未尝拒人，而人人自拒者何哉？① 集素第五。

5.1　田园有真乐，不潇洒终为忙人；诵读有真趣，不玩味终为鄙夫；山水有真赏，不领会终为漫游；吟咏有真得，不解脱终为套语。

［解读］　欣赏田园要潇洒，诵读诗书要玩味，游玩山水要领会，吟咏诗歌要解脱，虽然对象有所不同，但要用心体会，要放得开，不能拘谨，不能流于表面。

5.2　居处寄吾生，但得其地，不在高广；衣服披吾体，但顺其时，不在纨绮；饮食充吾腹，但适其可，不在膏粱；宴乐修吾好，但致其诚，不在浮靡。

［解读］　纨绮：华美的衣服。

浮靡：奢华浪费。

5.3　披卷有余闲，留客坐残良夜月；褰帷无别务，呼童耕破远山云。

［解读］　褰帷：掀开门帘，这里指开门。

---

① 袁石公，即袁宏道，此段话，不见其文集所载。

5.4 琴觞自对，鹿豕为群。任彼世态之炎凉，从他人情之反覆。

5.5 家居苦事物之扰，惟田舍园亭，别是一番活计。焚香煮茗，把酒吟诗，不许胸中生冰炭。客寓多风雨之怀，独禅林道院，转添几种生机。染翰挥毫，翻经问偈，肯教眼底逐风尘？茅斋独坐茶频煮，七碗后气爽神清；竹榻斜眠书漫抛，一枕余心闲梦稳。

[解读] 生冰炭：产生对世态的冲突。

5.6 带雨有时种竹，关门无事锄花；拈笔闲删旧句，汲泉几试新茶。

5.7 余尝净一室，置一几，陈几种快意书，放一本旧法帖，古鼎焚香，素麈挥尘，意思小倦，暂休竹榻。饷时而起，则啜苦茗，信手写《汉书》几行，随意观古画数幅。心目间觉洒空灵，面上尘当亦扑去三寸。

[解读] 陈几种快意书：放几本自己爱看的书。

素麈（zhǔ）：掸尘的工具。

啜苦茗：饮苦茶。

5.8 但看花开落，不言人是非。

[解读] 真是瞧地下花开花落，看天上云卷云舒。是非完全淡去，一颗怡然的心得到安慰。

5.9 莫恋浮名，梦幻泡影有限；且寻乐事，风花雪月无穷。

5.10 白云在天，明月在地；焚香煮茗，阅偈翻经；俗念都捐，尘心顿洗。

［解读］ 阅偈翻经：指读佛书。

捐：捐弃，抛弃。

5.11 暑中尝默坐，澄心闭目，作水观久之，觉肌发洒洒，几阁间似有凉气飞来。

［解读］ 水观：取庄惠观鱼之意。

5.12 胸中只摆脱一恋字，便十分爽净，十分自在。人生最苦处，只是此心，沾泥带水，明是知得，不能割断耳。

［解读］ 这一条主要意思是去除心灵的沾滞，心有沾滞，即不能自由，心无自由就为人束缚，我则不能为我也。晋人殷洪说："我与我周旋久，宁作我。"

5.13 无事以当贵，早寝以当富，缓步以当车，晚食以当肉，此巧于处贫者。

［解读］ 处贫之道古人多有谈及，因为"君子固穷"，所以谈怎样打发穷日子的话头很多。

5.14 三月茶笋初肥，梅风未困；九月莼鲈正美，秫酒新香。胜友晴窗，出古人法书名画，焚香评赏，无过此时。

［解读］ 莼鲈：莼菜和鲈鱼。

胜友：密友。

5.15 高枕丘中，逃名世外；耕稼以输王税，采樵以奉亲颜。新谷既升，田家大洽；肥羜烹以享神，枯鱼燔而召友。蓑笠在户，桔槔空悬，浊酒相命，击缶长歌，野人之乐足矣。

[解读] 亲颜：父母。

羜（zhù）：出生五个月的小羊。

桔槔（jié gāo）：井上汲水的一种工具。

5.16 为市井草莽之臣，早输国课；作泉石烟霞之主，日远俗情。覆雨翻云何险也，论人情，只合杜门；吟风弄月忽颓然，全天真，且须对酒。

[解读] 输国课：上缴国家的税收。

5.17 春初玉树参差，冰花错落，琼台奇望，恍坐玄圃、罗浮。若非黄昏月下，携琴吟赏，杯酒留连，则暗香浮动、疏影横斜之趣，何能有实际！

[解读] 玄圃、罗浮：道教中的神山。

暗香浮动、疏影横斜，宋代隐士林和靖有“疏影横斜水清浅，暗香浮动月黄昏”的诗句。

5.18 性不堪虚，天渊亦受鸢鱼之扰；心能会境，风尘还结烟霞之娱。

[解读] 鸢（yuān）鱼：宋明理学提倡“鸢飞鱼跃”的心灵境界，这境界就是活泼的生命精神。

5.19 身外有身，捉麈尾矢口，闲谈真如画饼；窍中有窍，向蒲团回心，究竟方是力田。

[解读] 麈尾：指鹿一类的动物，其尾可作拂尘。因此麈尾成为

拂尘的代称。晋人好玄谈，他们玄谈的时候，常常喜欢摇着麈尾。

蒲团：以蒲草编织而成的圆形、扁平的坐垫。佛家强调静修，坐破蒲团。

这一条强调清谈不如静修的功夫。

5.20 山中有三乐：薜荔可衣，不羡绣裳；蕨薇可食，不贪粱肉；箕踞散发，可以逍遥。

［解读］ 薜荔：藤萝。

蕨薇：山中的野菜。

箕踞散发：放荡不羁的装束。

5.21 终南当户，鸡峰如碧笋左簇，退食时秀色纷堕盘。山泉绕窗入厨，孤枕梦回，惊闻雨声也。

5.22 世上有一种痴人，所食闲茶冷饭，何名高致。

［解读］ 高致：高远的韵味。

5.23 桑林麦陇，高下竞秀，风摇碧浪层层，雨过绿云绕绕。雉雊春阳，鸠呼朝雨。竹篱茅舍，间以红桃白李、燕紫莺黄，寓目色相，自多村家闲逸之想，令人便忘艳俗。

［解读］ 雉雊：雏鸟。

色相：佛家以外在现象界为色相。

5.24 白云满谷，月照长空，洗足收衣，正是宴安时节。

［解读］ 宴：同“晏”，睡觉。

5.25 眉公居山中，有客问：“山中何景最奇？”曰：“雨后露前，花朝雪夜。”又问：“何事最奇？”曰：“钓因鹤守，果遣猿收。”

［解读］　这一条似禅宗语录。眉公，乃陈继儒，《小窗幽记》虽非眉公所辑，但与眉公的思想和生活态度相近，故托名他所作，良有以也。

5.26　古今我爱陶元亮，乡里人称马子才。

［解读］　陶元亮：陶渊明，字元亮。

马子才：北宋马存，字子才，有文名，甚受苏轼赏识。

5.27　嗜酒好睡，往往闭门；俯仰进趋，随意所在。

5.28　霜水澄定，凡悬崖峭壁，古木垂萝，与片云纤月，一山映在波中。策杖临之，心境俱清绝。

［解读］　霜水澄定：秋天来了，天高气爽，木叶落，水澄清，世界虽有些凉意，却使人通体澄明，意趣飙举。

5.29　亲不抬饭，虽大宾不宰牲，匪直戒奢侈而可久，亦将免烦劳以安身。

［解读］　匪直：并非仅仅。

5.30　饥生阳火炼阴精，食饱伤神气不升。

5.31　心苟无事，则息自调；念苟无欲，则中自守。

5.32　文章之妙，语快令人舞，语悲令人泣，语幽令人冷，语怜令人惜，语慎令人密，语怒令人按剑，语激令人投笔，语高令人入云，语低令人下石。

[解读]　这一条谈文章之妙，显示出独特的审美观念，文章不仅有不同的内容，还要有不同的节奏，不同的内容和节奏，会产生不同的审美感受。

5.33　溪响松声，清听自远；竹冠兰佩，物色俱闲。

5.34　鄙吝一销，白云亦可赠客；渣滓尽化，明月自来照人。

[解读]　“明月松间照，清泉石上流”，此一条有此境。

5.35　存心有意无意之妙，微云淡河汉；应世不即不离之法，疏雨滴梧桐。

[解读]　这一条含义丰富，有意无意之间，不即不离之法，最是活络玲珑，不容有丝毫沾滞，一入沾滞，即堕魔道。

5.36　肝胆相照，欲与天下共分秋月；意气相许，欲与天下共坐春风。

[解读]　此条用宋张孝祥《念奴娇·过洞庭》词意：“洞庭青草，近中秋、更无一点风色。玉鉴琼田三万顷，著我扁舟一叶。素月分辉，明河共影，表里俱澄澈。悠然心会，妙处难与君说。应念岭海经年，孤光自照，肝肺皆冰雪。短发萧骚襟袖冷，稳泛沧浪空阔。尽挹西江，细斟北斗，万象为宾客。扣舷独啸，不知今夕何夕。”

5.37　堂中设木榻四，素屏二，古琴一张，儒、道、佛书各数卷。乐天既来为主，仰观山，俯听水，傍睨竹树云石，自辰至酉，应接不暇。俄而物诱气和，外适内舒。一宿体宁，再宿心恬，三宿后颓然嗒然，不知其然而然。

［解读］　睨：视。

自辰至酉：即从早到晚。

一宿体宁，再宿心恬，三宿后颓然嗒然，不知其然而然。这“三宿”说，出自白居易《庐山草堂记》。

5.38　偶坐蒲团，纸窗上月光渐满，树影参差，所见非色非空。此时虽名衲敲门，山童且勿报也。

［解读］　名衲：名僧。

5.39　会心处不必在远，翳然林木，便自有濠濮间想，不觉鸟兽禽鱼，自来亲人。

［解读］　语见《世说新语》，梁简文帝入华林园，有此一番感受。

濠濮间想：用了两个典故。《庄子》一书有濠上观鱼的描写，表现了物化思想。另一则故事记载，一次庄子在濮水之滨钓鱼，给楚王知道了，就派大臣去找他，请他做国相，庄子说：“我宁愿做一只乌龟曳尾于濮水之中。”

5.40　茶欲白，墨欲黑；茶欲重，墨欲轻；茶欲新，墨欲旧。

［解读］　墨欲旧：书画中的墨法，有积墨等法，推崇旧墨。

5.41　馥喷五木之香，色冷冰蚕之锦。

5.42　筑风台以思避，构仙阁而入圆。

5.43　客过草堂，问：“何感慨而甘栖遁？”余倦于对，但拈古句答曰："得闲多事外，知足少年中。"问："是何功课？"曰："种花春扫雪，看箓夜焚香。"问："是何利养？"曰："砚田无恶岁，酒国有长春。"问："是何还往？"曰："有客来相访，通名是伏羲。"

［解读］　箓：道教的符箓。

5.44　山居胜于城市，盖有八德：不责苛礼，不见生客，不混酒肉，不竞田产，不闻炎凉，不闹曲直，不征文逋，不谈士籍。

［解读］　不征文逋：不要应付大量的文债。这八德，谈的是隐逸的趣味，可以作为了解隐逸文化的参考。

5.45　采茶欲精，藏茶欲燥，烹茶欲洁。

5.46　茶见日而味夺，墨见日而色灰。

［解读］　这都是内行话。茶只能阴藏，而不能暴晒。墨经阳光暴晒，就会涩滞。

5.47　磨墨如病儿，把笔如壮夫。

5.48　园中不能办奇花异石，惟一片树阴，半庭藓迹，差可会心忘形。友来或促膝剧论，或鼓掌欢笑，或彼谈我听，或彼默我喧，而宾主两忘。

［解读］　这样的隐逸心境不易修得，一片树阴，都能给他如此的愉悦，真是丘壑中人也。

5.49 尘缘割断，烦恼从何处安身？世虑潜消，清虚向此中立脚。檐前绿蕉黄葵，老少叶、鸡冠花，布满阶砌。移榻对之，或枕石高眠，或捉麈清话。门外车马之尘滚滚，了不相关。

［解读］ 此一条大半内容见于前文。《小窗幽记》重复的地方不少。

5.50 夜寒坐小室中，拥炉闲话，渴则敲冰煮茗，饥则拨火煨芋。阿衡五就，那如莘野躬耕；诸葛七擒，争似南阳抱膝。

［解读］ 莘野躬耕：伊尹曾在有莘国躬耕。

阿衡：即古贤相伊尹，善于烹饪，以此为君主讲治国之道。

诸葛七擒：用诸葛亮七擒孟获事。

5.51 饭后黑甜，日中薄醉，别是洞天；茶铛酒臼，轻案绳床，寻常福地。

［解读］ 黑甜：指睡觉。

5.52 翠竹碧梧，高僧对弈；苍苔红叶，童子煎茶。

5.53 久坐神疲，焚香仰卧，偶得佳句，即令毛颖君就枕掌记，不则展转失去。

［解读］ 毛颖君：中国古代对毛笔的爱称。

5.54 和雪嚼梅花，羡道人之铁脚；烧丹染香履，称先生之醉吟。

［解读］ 古代有铁脚仙人，琅琅诵《秋水》，赤足和雪嚼梅花，沁《南华》入骨髓的传说。

5.55 灯下玩花，帘内看月，雨后观景，醉里题诗，梦中闻书声，皆有别趣。

[解读] 这里谈的别趣倒是很有趣，体现出传统的审美趣味，如帘内看花，多一番朦胧的景致。

5.56 王思远扫客坐留，不若杜门；孙仲益浮白俗谈，足当洗耳。铁笛吹残，长啸数声，空山答响；胡麻饭罢，高眠一觉，茂树屯阴。

[解读] 王思远为南朝名士，小字阿戎，好结交四方宾客。

孙仲益为宋代名士，善饮，常与人对酒终日。

胡麻饭：粗糙的饭食。

5.57 编茅为屋，叠石为阶，何处风尘可到？据梧而吟，烹茶而话，此中幽兴偏长。

[解读] 据梧而吟：传惠施据梧而吟，考虑他的哲学问题。

5.58 皂囊白简，被人描尽半生；黄帽青鞋，任我逍遥一世。

[解读] 皂囊白简：汉大臣奏机密事，常装在白色的囊中。白简，晋傅玄为御史中丞时，有弹劾奏章，必捧白简等早朝。皂囊白简，指代密奏。

黄帽青鞋：指普通人的生活。

5.59 清闲之人，不可惰其四肢。又须以闲人做闲事：临古人帖，温昔年书，拂几微尘，洗砚宿墨，灌园中花，扫林中叶。觉体少倦，放身匡床上，暂息半晌可也。

[解读] 几：坐具。

5.60 待客当洁不当侈，无论不能继，亦非所以惜福。

[解读] 无论不能继：指持续的大宴宾客之事，劳心伤财，非惜福之事。

5.61 葆真莫如少思，寡过莫如省事，善应莫如收心，解醪莫如澹志。

[解读] 葆真：意为修养自己的真元之气。

解醪：消解醉意。

5.62 世味浓，不求忙而忙自至；世味淡，不偷闲而闲自来。

[解读] 忙和闲全在自己心理调适，世事牵扯太多，事也烦，心也烦，纷乱的心灵，哪里有智慧安顿的地方。

5.63 盘餐一菜，永绝腥膻，饭僧宴客，何须六甲行厨？茅屋三楹，仅蔽风雨，扫地焚香，安用数童缚帚！

[解读] 腥膻：指荤菜。

六甲行厨：传古代左慈，招六甲来役鬼神，坐致行厨。形容修道功夫深。

5.64 以俭胜贫，贫忘；以施代侈，侈化；以省去累，累消；以逆炼心，心定。

[解读] 这里提出的"以逆炼心"之法，就是每出一意，就用他意排斥之，最后使得心中恬然自适，没有任何冲突。

5.65 净几明窗，一轴画，一囊琴，一只鹤，一瓯茶，一炉香，一部法帖；小园幽径，几丛花，几群鸟，几区亭，几拳石，几池水，几片闲云。

[解读] “六一”本是宋代文学家欧阳修的号，他的“六一”与此有微别，都是强调一种独到的自然的生活方式，都是隐士生活的写照。这里所说的“六几”，是自然风光，也是隐士们最关心的自然景观。

5.66 花前无烛，松叶堪焚；石畔欲眠，琴囊可枕。

5.67 流年不复记，但见花开为春，花落为秋；终岁无所营，惟知日出而作，日入而息。

[解读] 这一条从古人语中集来，这样的生活写出了在田园中的感觉，时间似乎都忘记了，所能知道就是自然的永恒运转。

5.68 脱巾露顶，斑文竹箨之冠；倚枕焚香，半臂华山之服。

[解读] 半臂华山之服：形容有仙道气，脱略凡尘。

5.69 谷雨前后，为和凝汤社。双井白芽，湖州紫笋；扫臼涤铛，征泉选火。以王濛为品司，卢仝为执权，李赞皇为博士，陆鸿渐为都统，聊消渴吻，敢讳水淫；差取婴汤，以供茗战。

[解读] 这一条写喝茶，写出了中国古代茶道的一些特点，其中提到的几个人，都以饮茶著称。

5.70 窗前落月，户外垂萝；石畔草根，桥头树影；可立可卧，可坐可吟。

[解读] 宋代郭熙《林泉高致》有“可行可望，可居可游”之说，这里又提出了“可立可卧，可坐可吟”，不过这里的“四可”并无深意，

只是描绘游览者的动作。

5.71 亵狎易契，日流于放荡；庄厉难亲，日进于规矩。

［解读］ 亵狎：过分亲昵，行为放荡。

庄厉：庄重严肃。

5.72 甜苦备尝，好丢手，世味浑如嚼蜡；生死事大，急回头，年光疾如跳丸。

［解读］ 陆游诗云："世味年来薄似纱，谁令骑马客京华。"可与此条同参。

5.73 若富贵，由我力取，则造物无权；若毁誉，随人脚根，则谗夫得志。

5.74 清事不可着迹。若衣冠必求奇古，器用必求精良，饮食必求异巧，此乃清中之浊，吾以为清事之一蠹。

5.75 吾之一身，尝有少不同壮，壮不同老；吾之身后，焉有子能肖父，孙能肖祖？如此期，必尽属妄想；所可尽者，惟留好样与儿孙而已。

［解读］ 这一条颇有趣，由一生推来，少不同壮，壮不同老，怎么能指望子孙都像自己呢。所以这里不说让子孙继承什么，而是说自己要做个好榜样。

5.76 若想钱而钱来，何故不想；若愁米而米至，人固当愁。晓起依旧贫穷，夜来徒多烦恼。

5.77 半窗一几，远兴闲思，天地何其寥阔也；清晨端起，亭午高眠，胸襟何其洗涤也。

[解读] 人的胸襟气象和他所处的地位以及空间并没有太密切的关系，关键在于你的心灵超越功夫，半窗一几，也可自在超越，他没有感到天地如此之小，上天待他如此之薄，他有他自己丰富的内心生活，他的心灵空间比外在的空间要大得多。

5.78 行合道义，不卜自吉；行悖道义，纵卜亦凶；人当自卜，不必问卜。

[解读] 人当自卜，不必问卜。自己是自己的主人，求神问卦，就是对自己性灵无法把握所产生的畏惧行为。

5.79 奔走于权幸之门，自视不胜其荣，人窃以为辱；经营于利名之场，操心不胜其苦，己反以为乐。

5.80 宇宙以来，有治世法，有傲世法，有维世法，有出世法，有垂世法。唐虞垂衣，商周秉钺，是谓治世；巢父洗耳，裘公瞋目，是谓傲世；首阳轻周，桐江重汉，是谓维世；青牛度关，白鹤翔云，是谓出世。若乃鲁儒一人，邹传七篇，始谓垂世。

[解读] 唐虞：唐尧虞舜。

秉钺：拿起兵器。

巢父：上古时的隐士。

瞋目：眼睛睁得很大，简直要睁裂了。

首阳：伯夷叔齐遁首阳山中。

桐江：汉严子陵隐逸不出，垂钓于此。

5.81 书室中修行法：心闲手懒，则观法帖，以其逐字放置也；手闲心懒，则治迂事，以其可作可止也；心手俱闲，则写字作诗文，以其可以兼济也；心手俱懒，则坐睡，以其不强役于神也；心不甚定，宜看诗及杂短故事，以其易于见意不滞于久也；心闲无事，宜看长篇文字，或经注，或史传，或古人文集，此又甚宜风雨之际及寒夜也。

又曰：手冗心闲则思；心冗手闲则卧；心手俱闲，则著作书字；心手俱冗，则思早毕其事，以宁吾神。

［解读］ 迂事：不是很紧急的事情。

5.82 片时清畅，即享片时；半景幽雅，即娱半景，不必更起姑待之心。

［解读］ 随遇而安，当下即是快乐。

5.83 一室经行，贤于九衢奔走；六时礼佛，清于五夜朝天。

［解读］ 九衢：通衢大道。

5.84 会意不求多，数幅晴光摩诘画；知心能有几，百篇野趣少陵诗。

［解读］ 摩诘：王维，字摩诘。

5.85 醇醪百解，不如一味太和之汤；良药千包，不如一服清凉之散。

［解读］ 醇醪：美酒。

5.86 闲暇时，取古人快意文章，朗朗读之，则心神超逸，须眉开张。

5.87 修净土者，自净其心，方寸居然莲界；学禅坐者，达禅之理，大地尽作蒲团。

［解读］ 净土：这里指中土佛教净土宗。

方寸居然莲界：眼前就是佛地。莲界，佛界。

5.88 衡门之下，有琴有书；载弹载咏，爰得我娱；岂无他好，乐是幽居。

［解读］ 这一条模仿《诗经》句法，写一首抒怀诗。

5.89 朝为灌园，夕偃蓬庐。

［解读］ 陶渊明《答庞参军》诗句。

5.90 因葺旧庐，疏渠引泉，周以花木，日哦其间。故人过逢，瀹茗弈棋，杯酒淋浪，其乐殆非尘中有也。

［解读］ 葺旧庐：修葺旧屋子。

周以花木：周围栽上花木。

日哦其间：每天在其中吟诗作句。

瀹（yuè）：洗涤。

5.91 逢人不说人间事，便是人间无事人。

5.92 闲居之趣，快活有五：不与交接，免拜送之礼，一也；终日观书鼓琴，二也；睡起随意，无有拘碍，三也；不闻炎凉嚣杂，四也；能课子耕读，五也。

［解读］　这一条和上文的“六一”“六几”的内容相近，都是表现隐逸的趣味。

5.93　虽无丝竹管弦之盛，一觞一咏，亦足以畅叙幽情。

［解读］　王羲之《兰亭集序》语。

5.94　独卧林泉，旷然自适，无利无营，少思寡欲，修身出世法也。

5.95　茅屋三间，木榻一枕，烧清香，啜苦茗，读数行书，懒倦便高卧松梧之下，或科头行吟。日常以苦茗代肉食，以松石代珍奇，以琴书代益友，以著述代功业，此亦乐事。

［解读］　王维《与卢员外象过崔处士兴宗林亭》：“绿树重阴盖四邻，青苔日厚自无尘。科头箕踞长松下，白眼看他世上人。”

5.96　挟怀朴素，不乐权荣；栖迟僻陋，忽略利名；葆守恬淡，希时安宁；晏然闲居，时抚瑶琴。

［解读］　这一条表达了闲适的情怀，其境类似于《二十四诗品》。

5.97　人生自古七十少，前除幼年后除老。中间光景不多时，又有阴晴与烦恼。到了中秋月倍明，到了清明花更好。花前月下得高歌，急须漫把金樽倒。世上财多赚不尽，朝里官多做不了。官大钱多身转劳，落得自家头白早。请君细看眼前人，年年一分埋青草。草里多多少少坟，一年一半无人扫。

［解读］　这是一条关于人生的歌，是一位看透了人生的人的歌，语句虽平淡，但他所说的话，使你不可忽视，使你无法平静，使人会抚摩自己在人生的旷野上奔驰的疮口，使你会对自己的人生追求发出疑问。

所引文字出自唐寅《一世歌》，原文为："人生七十古来少，前除少年后除老。中间光景不多时，又有炎霜与烦恼。过了中秋月不明，过了清明花不好。花前月下得高歌，急须满把金樽倒。朝里官多做不尽，世上钱多赚不了。官大钱多心转忧，落得自家头白早。春夏秋冬捻指间，钟送黄昏鸡报晓。请君细点眼前人，一年一度埋芳草。草里高低多少坟，一年一半无人扫。"此处所引，略有不同。

5.98 饥乃加餐，菜食美于珍味；倦然后卧，草蓐胜似重裀。

［解读］ 草蓐：草垫子。

重裀：厚厚的锦被。

5.99 流水相忘游鱼，游鱼相忘流水，即此便是天机；太空不碍浮云，浮云不碍太空，何处别有佛性？

［解读］ 这一条有两层意思，一层是道家境界，像庄子的游鱼之乐，相忘于江湖；另一层是佛家境界，禅宗的大德们说："青山不碍白云飞。"

5.100 丹山碧水之乡，月涧云龛之品，涤烦消渴，功诚不在芝术下。

［解读］ 这一条意思是，不要求仙草，不必炼灵丹，自然山水就是仙山灵草，就是医治心灵创伤的灵丹妙药。

5.101 颇怀古人之风，愧无素屏之赐，则青山白云，何在非我枕屏。

［解读］ 青山白云不用钱，触之在耳目，得之在内心。

5.102 江山风月，本无常主，闲者便是主人。

［解读］ 此东坡语。《东坡志林》卷十：“临皋亭下八十余步，便是大江，其半是峨眉雪水，吾饮食沐浴皆取焉，何必归乡哉！江山风月，本无常主，闲者便是主人。”

5.103 入室许清风，对饮惟明月。

5.104 被衲持钵，作发僧行径，以鸡鸣当檀越，以枯管当笻杖，以饭颗当祇园，以岩云野鹤当伴侣，以背锦奚奴当行脚头陀，往探六六奇峰，三三曲水。

［解读］ 这一条以佛家的游僧行脚，说自己的自然高趣。檀越，施主。

5.105 山房置一钟，每于清晨良宵之下，用以节歌，令人朝夕清心，动念和平。李秃谓：“有杂想，一击遂忘；有愁思，一撞遂扫。”知音哉！

［解读］ 击钟也有妙韵，击一下忘忧，再击一下远翥，真是奇思妙想。

5.106 潭涧之间，清流注泻，千岩竞秀，万壑争流，却自胸无宿物，漱清流，令人濯濯清虚。日来非惟使人情开涤，可谓一往有深情。

［解读］ 《世说新语》载：“王司州至吴兴印渚中看，叹曰：非唯使人情开涤，亦觉日月清朗。”又云：“桓子野每闻清歌，辄唤：奈何！谢公闻之，曰：子野可谓一往有深情。”

5.107 林泉之浒，风飘万点，清露晨流，新桐初引，萧然无事，闲扫落花，足散人怀。

[解读]　《世说新语》：“王恭始与王建武甚有情，后遇袁悦之间，遂至疑隙。然每至兴会，故有相思。时恭尝行散至京口射堂，于时清露晨流，新桐初引，恭目之曰：王大故自濯濯。”

5.108　浮云出岫，绝壁天悬，日月清朗，不无微云点缀。看云飞轩轩霞举，踞胡床与友人咏谑，不复滓秽太清。

[解读]　《世说新语》：“王子猷出都，尚在渚下。旧闻桓子野善吹笛，而不相识。遇桓于岸上过，王在船中，客有识之者云：是桓子野。王便令人与相闻，云：闻君善吹笛，试为我一奏。桓时已贵显，素闻王名，即便回下车，踞胡床，为作三调。弄毕，便上车去。客主不交一言。”

5.109　山房之磬，虽非绿玉，沉明轻清之韵，尽可节清歌洗俗耳。山居之乐，颇惬冷趣；煨落叶为红炉，况负暄于岩户。土鼓催梅，荻灰暖地；虽潜凛以萧索，见素柯之凌岁。同云不流，舞雪如醉；野因旷而冷舒，山以静而不晦。枯鱼在悬，浊酒已注。朋徒我从，寒盟可固。不惊岁暮于天涯，即是挟纩于孤屿。

[解读]　绿玉：古名琴名。

负暄：晒太阳。

荻灰：芦荻灰烬。

寒盟可固：穷朋友可以长久。

挟纩（kuàng）于孤屿：披着绵衣。此句有“振衣千仞冈，濯足万里流”之意。

5.110　步障锦千层，氍毹紫万叠，何似编叶成幛，聚茵为褥？绿阴流影清入神，香气氤氲彻人骨。坐来天地一时宽，闲放风流晓清福。

［解读］ 氍毹（qú shū）：毛毯。

茵：柔软的草。

5.111 送春而血泪满腮，悲秋而红颜惨目。

5.112 翠羽欲流，碧云为飏。

［解读］ 飏：飘扬。

5.113 郊中野坐，固可班荆；径里闲谈，最宜拂石。侵云烟而独冷，移开清啸胡床；藉草木以成幽，撤去庄严莲界。况乃枕琴夜奏，逸韵更扬；置局午敲，清声甚远。洵幽栖之胜事，野客之虚位也。

［解读］ 班荆：朋友相遇，共坐谈心。

5.114 饮酒不可认真，认真则大醉，大醉则神魂昏乱。在书为沉湎，在诗为童羖，在礼为豢豕，在史为狂药。何如但取半酣，与风月为侣？

［解读］ 童羖（gǔ），黑色的公羊。《诗经·小雅·宾之初筵》："由醉之言，俾之童羖。"

5.115 家鸳鸯湖滨，饶蒹葭凫鹭、水月澹荡之观。客啸渔歌，风帆烟艇，虚无出没，半落几上。呼野衲而泛斜阳，无过此矣！

［解读］ 蒹葭（jiān jiā）：芦苇。

凫鹭（fú yī）：水鸟。

5.116 雨后卷帘看霁色，却疑苔影上花来。

5.117 月夜焚香，古桐三弄，便觉万虑都忘，妄想尽绝。试看香是何味，烟是何色，穿窗之白是何影，指下之余是何音，恬然乐之而悠然忘之者是何趣，不可思量处是何境？

5.118 贝叶之歌无碍，莲花之心不染。

［解读］ 贝叶：古代书写佛经的材料。

5.119 河边共指星为客，花里空瞻月是卿。

5.120 人之交友，不出“趣味”两字，有以趣胜者，有以味胜者。然宁饶于味，而无饶于趣。

［解读］ 趣是技巧，味更悠长。

5.121 守恬淡以养道，处卑下以养德，去嗔怒以养性，薄滋味以养气。

［解读］ 嗔（chēn）怒：愤怒。

5.122 吾本薄福人，宜行惜福事；吾本薄德人，宜行厚德事。

［解读］ 这是一种很好的心态，始终觉得自己做得不够，所以不断要求自己多做一些，做好一些。

5.123 知天地皆逆旅，不必更求顺境；视众生皆眷属，所以转成冤家。

［解读］ 知天地皆逆旅，这反映了古代知识分子中比较普遍的人生观，人生如寄，天地只是人的旅馆，是人们暂居之所。

视众生皆眷属，所以转成冤家：此句意味悠长，与儒家思想不同。东坡说："予以是知一切法，以爱故坏，以舍故常在。岂不然哉。"

5.124 只宜于着意处写意，不可向真景处点景。

5.125 只愁名字有人知，涧边幽草；若问清盟谁可托，沙上闲鸥。山童率草木之性，与鹤同眠；奚奴领歌咏之情，检韵而至。闭户读书，绝胜入山修道；逢人说法，全输兀坐扪心。

［解读］ 倪云林所谓："姓名但恐有人知"，在这里得到了共鸣。"只愁名字有人知"，功名成了人自由的障碍。

奚奴：指庶族。与士族相对。在汉魏以来的门阀制度中，庶族地位低下。

兀坐：寂静地枯坐。

5.126 砚田登大有，虽千仓珠粟，不输两税之征；文锦运机杼，纵万轴龙文，不犯九重之禁。

［解读］ 此条说读书著文，是人生幸福之事。

5.127 步明月于天衢，览锦云于江阁。

5.128 幽人清课，讵但啜茗焚香；雅士高盟，不在题诗挥翰。

［解读］ 讵但：何止。

5.129 以养花之情自养，则风情日闲；以调鹤之性自调，则真性自美。

5.130 热汤如沸，茶不胜酒；幽韵如云，酒不胜茶。酒类侠，茶类隐。酒固道广，茶亦德素。

5.131 老去自觉万缘都尽，那管人是人非；春来尚有一事关心，只在花开花谢。

5.132 是非场里，出入逍遥；顺逆境中，纵横自在。竹密何妨水过，山高不碍云飞。

［解读］ 唐代一位禅师的著名话头：“竹密岂妨流水过，山高那阻野云飞。”

5.133 口中不设雌黄，眉端不挂烦恼，可称烟火神仙；随意而栽花柳，适性以养禽鱼，此是山林经济。

［解读］ 雌黄：评论别人。

5.134 午睡欲来，颓然自废，身世庶几浑忘；晚炊既收，寂然无营，烟火听其更举。

［解读］ 寂然无营：无思无为。

5.135 花开花落春不管，拂意事休对人言；水暖水寒鱼自知，会心处还期独赏。

［解读］ 求得“会心处”，才为真赏人，中国人认为，最高的体验

是不能用语言来表达的，只可意会，不可言传。

5.136 心地上无风涛，随在皆青山绿水；性天中有化育，触处见鱼跃鸢飞。

［解读］ 此言又见《菜根谭》。

5.137 宠辱不惊，闲着庭前花开花落；去留无意，漫随天外云卷云舒。斗室中万虑都捐，说甚画栋飞云，珠帘卷雨；三杯后一真自得，谁知素弦横月，短笛吟风。

［解读］ 又见《菜根谭》。

5.138 得趣不在多，盆池拳石间，烟霞具足；会心不在远，蓬窗竹屋下，风月自赊。

［解读］ 又见《菜根谭》。

赊：有余。

5.139 会得个中趣，五湖之烟月尽入寸衷；破得眼前机，千古之英雄都归掌握。

［解读］ 寸衷：方寸之心。

破得眼前机：瞬间顿悟。

5.140 细雨闲开卷，微风独弄琴。

5.141 水流任意景常静，花落虽频心自闲。

［解读］ 杜甫“水流心不竞，云在意俱迟”，正此意也。

5.142 残醺供白醉，傲他附热之蛾；一枕余黑甜，输却分香之蝶。闲为水竹云山主，静得风花雪月权。

［解读］　人做水竹云山的主人，赢得风花雪月的权力，人在自然中，融成一体，自己就是自然，没有任何分别，在自然中体会超越的境界，体会性灵的自由。

5.143　半幅花笺入手，剪裁就腊雪春冰；一条竹杖随身，收拾尽燕云楚水。

5.144　心与竹俱空，问是非何处安觉；貌偕松共瘦，知忧喜无由上眉。

［解读］　这是比德，将竹子和松柏等自然物作为人格的象征，是中国文化的一个重要特色。如中国画中的四君子。

5.145　芳菲林圃看蜂忙，觑破几多尘情世态；寂寞衡茅观燕寝，发起一种冷趣幽思。

［解读］　看蜜蜂忙碌，如何识得人间世态，原来这里的蜜蜂忙碌是人世痛苦的象征。纵然如何忙碌，到头来还是一场空，还不如自在欢乐。

5.146　何地非真境？何物非真机？芳园半亩，便是旧金谷；流水一湾，便是小桃源。林中野鸟数声，便是一部清鼓吹；溪上闲云几片，便是一幅真画图。

［解读］　金谷是晋富豪石崇的园林，桃源是陶渊明的理想境界，然而陶在他半亩芳园和一湾溪水中实现了自己，不在于物，而在于心。

5.147　人在病中，百念灰冷。虽有富贵，欲享不可，反羡贫贱而健者。是故人能于无事时常作病想，一切名利之心，自然扫去。

5.148 竹影入帘，蕉阴荫槛，取蒲团一卧，不知身在冰壶鲛室。

[解读] 鲛室：传说中水下仙人所居之所。

5.149 万壑松涛，乔柯飞颖。风来鼓飔，谡谡有秋江八月声，迢递幽岩之下，披襟当之，不知是羲皇上人。

[解读] 万壑松风清两耳，九天明月净初心，此条也表现了这种自然真境。

谡谡（sù）：形容松涛的声音。

5.150 霜降木落时，入疏林深处，坐树根上，飘飘叶点衣袖，而野鸟从梢飞来窥人。荒凉之地，殊有清旷之致。

5.151 明窗之下，罗列图史琴尊以自娱。有兴则泛小舟，吟啸览古于江山之间。渚茶野酿，足以消忧；莼鲈稻蟹，足以适口。又多高僧隐士，佛庙绝胜。家有园林，珍花奇石，曲沼高台，鱼鸟流连，不觉日暮。

[解读] 这是隐士所欣赏的世界，这一世界没有争斗，没有喧嚣，没有匆忙，只有永恒的宁静，无边的恬淡，和令人无法忘怀的自适。

5.152 山中莳花种草，足以自娱。而地朴人荒，泉石都无，丝竹绝响，奇士雅客亦不复过，未免寂寞度日。然泉石以水竹代，丝竹以莺舌蛙吹代，奇士雅客以蠹简代，亦略相当。

[解读] 贫穷生活也能出雅趣，关键在于你是不是能领略。

5.153 闲中觅伴书为上，身外无求睡最安。

5.154 栽花种竹，未必果出闲人；对酒当歌，难道便称侠士？

［解读］ 这一条说平素生活中，也有高远之志。豪放，不一定就在那些外在招式。

5.155 虚堂留烛，抄书尚存老眼；有客到门，挥麈但说青山。

［解读］ 此条说闲适的生活。

5.156 千人亦见，百人亦见，斯为拔萃出类之英雄；三日不举火，十年不制衣，殆是乐道安贫之贤士。

5.157 帝子之望巫阳，远山过雨；王孙之别南浦，芳草连天。

［解读］ 前一句有骚人余韵。《楚辞·湘夫人》："帝子降兮北渚，目眇眇兮愁予。袅袅兮秋风，洞庭波兮木叶下。"

后一句写送别王孙处，萋萋南浦边，芳草连天意，伤如之何情。

5.158 室距桃源，晨夕恒滋兰茝；门开杜径，往来惟有羊裘。

［解读］ 《离骚》："余既滋兰之九畹兮，又树蕙之百亩。畦留夷与揭车兮，杂杜衡与芳芷。冀枝叶之峻茂兮，愿俟时乎吾将刈。……朝饮木兰之坠露兮，夕餐秋菊之落英。"

5.159 枕长林而披史，松子为餐；入丰草以投闲，蒲根可服。

［解读］　披史：读史。

5.160　一泓溪水柳分开，尽道清虚搅破；三月林光花带去，莫言香分消残。

5.161　荆扉昼掩，闲庭宴然，行云流水襟怀；隐不违亲，贞不绝俗，太山乔岳气象。

［解读］　太山：泰山。

5.162　窗前独榻频移，为亲夜月；壁上一琴常挂，时拂天风。

5.163　萧斋香炉书史，酒器俱捐；北窗石枕松风，茶铛将沸。

［解读］　萧斋：寂静的斋居。

5.164　明月可人，清风披坐。班荆问水，天涯韵士高人；下箸佐觞，品外涧毛溪蔌：主之荣也。高轩寒户，肥马嘶门。命酒呼茶，声势惊神震鬼；叠筵累几，珍奇罄地穷天：客之辱也。

［解读］　班荆：朋友共坐谈心。

5.165　贺函伯坐径山竹里，须眉皆碧；王长公龛杜鹃楼下，云母都红。

［解读］　贺函伯，明代末期的户部尚书，与憨山德清相善，工诗善文。疑指此人。

王长公，不详所指。

5.166 坐茂树以终日，濯清流以自洁。采于山，美可茹；钓于水，鲜可食。

5.167 年年落第，春风徒泣于迁莺；处处羁游，夜雨空悲于断雁。金壶霏润，瑶管春容。

［解读］ 这条表现落第羁旅的悲伤，心中有悲，自然也被染上浓浓的悲观色彩。

5.168 菜甲初长，过于酥酪。寒雨之夕，呼童摘取，佐酒夜谈，嗅其清馥之气，可涤胸中柴棘，何必纯灰三斛！

5.169 暖风春座酒，细雨夜窗棋。

5.170 秋冬之交，夜静独坐，每闻风雨潇潇，既凄然可愁，亦复悠然可喜。至酒醒灯昏之际，尤难为怀。长亭烟柳，白发犹劳，奔走可怜名利客；野店溪云，红尘不到，逍遥时有牧樵人。天之赋命实同，人之自取则异。

［解读］ 天之赋命实同，人之所取各异，然世间许多忙碌人，到老来还是浑然不觉，目的性的活动占据了他的全部生活，自我性灵的通道被淤塞，所以叫他“奔走可怜名利客”。而野店溪云，红尘不到，独享一份清闲，此境最能医治禄蠹之病。

5.171 富贵大是能俗人之物，使吾辈当之，自可不俗；然有此不俗胸襟，自可不富贵矣。

5.172 风起思莼，张季鹰之胸怀落落；春回到柳，陶渊明之兴致翩翩。然此二人，薄宦投簪，吾犹嗟其太晚。

［解读］ 张季鹰：晋张华，字季鹰，他在京城做官，每年秋风起，他即思江南的鲈鱼莼菜，悠然而起思乡之情。

5.173 黄花红树，春不如秋；白雪青松，冬亦胜夏。春夏园林，秋冬山谷，一心无累，四季良辰。

5.174 听牧唱樵歌，洗尽五年尘土肠胃；奏繁弦急管，何如一派山水清音。

5.175 孑然一身，萧然四壁，有识者当此，虽未免以冷淡成愁，断不以寂寞生悔。

5.176 从五更枕席上参看心体，心未动，情未萌，才见本来面目；向三时饮食中谙练世味，浓不欣，淡不厌，方为切实功夫。

5.177 瓦枕石榻，得趣处下界有仙；木食草衣，随缘时西方无佛。

［解读］ 西方无佛，佛就在我的心中，就在平常生活中，不必好高骛远，不必忽视此在。

5.178 当乐境而不能享者，毕竟是薄福之人；当苦境而反觉甘者，方才是真修之士。

5.179 半轮新月数竿竹，千卷藏书一盏茶。

5.180 偶向水村江郭，放不系之舟；还从沙岸草桥，吹无孔之笛。

［解读］ 陶渊明有无弦琴一张，为何有此等爱好，它说明爱乐并不在音，而在心，手抚无弦琴，口吹无孔笛，但得心中愉快便佳。

5.181 物情以常无事为欢颜，世态以善托故为巧术。

5.182 善救时若和风之消酷暑，能脱俗似淡月之映轻云。

5.183 廉所以惩贪，我果不贪，何必标一廉名，以来贪夫之侧目；让所以息争，我果不争，又何必立一让名，以致暴客之弯弓？

［解读］ 来：招引。

5.184 曲高每生寡和之嫌，歌唱须求同调；眉修多取入宫之妒，梳洗切莫倾城。

5.185 随缘便是遣缘，似舞蝶与飞花共适；顺事自然无事，若满月偕盆水同圆。

［解读］ 满月偕盆水同圆，此境颇佳，一月普现一切月，一切水月一月摄。万川之月，只是一月。所以一月之观，无少欠缺，心中自在圆满即是。

5.186 耳根似飙谷投响，过而不留，则是非俱谢；心境如月池浸色，空而不着，则物我两忘。

5.187　心事无不可对人语，则梦寐俱清；行事无不可使人见，则饮食俱健。

卷六　集景

结庐松竹之间，闲云封户；徙倚青林之下，花瓣沾衣。芳草盈阶，茶烟几缕；春光满眼，黄鸟一声。此时可以诗，可以画，而正恐诗不尽言，画不尽意。而高人韵士，能以片言数语尽之者，则谓之诗可，谓之画可，谓高人韵士之诗画亦无不可。集景第六。

6.1　花关曲折，云来不认湾头；草径幽深，落叶但敲门扇。

6.2　细草微风，两岸晚山迎短棹；垂杨残月，一江春水送行舟。

6.3　草色伴河桥，锦缆晓牵三竺雨；花阴连野寺，布帆晴挂六桥烟。

[解读]　三竺、六桥：三竺指杭州天竺山的三座寺庙。六桥是西湖上苏东坡所造六座桥。诗家常用三竺六桥作对来描写西湖美景。

6.4　闲步畎亩间，垂柳飘风，新秧翻浪；耕夫荷农器，长歌相应；牧童稚子倒骑牛背，短笛无腔，吹之不休，大有野趣。

[解读]　畎（quǎn）亩：田地。

农器：农具。

6.5　夜阑人静，携一童立于清溪之畔，孤鹤忽唳，鱼跃有声，清入肌骨。

6.6 垂柳小桥，纸窗竹屋，焚香燕坐，手握道书一卷。客来则寻常茶具，本色清言，日暮乃归，不知马蹄为何物。

［解读］ 问君何能尔，心远地自偏。而这里连马迹都没有，真是阒寂之至。

6.7 门内有径，径欲曲；径转有屏，屏欲小；屏进有阶，阶欲平；阶畔有花，花欲鲜；花外有墙，墙欲低；墙内有松，松欲古；松底有石，石欲怪；石面有亭，亭欲朴；亭后有竹，竹欲疏；竹尽有室，室欲幽；室旁有路，路欲分，路合有桥，桥欲危；桥边有树，树欲高；树阴有草，草欲青；草上有渠，渠欲细；渠引有泉，泉欲瀑；泉去有山，山欲深；山下有屋，屋欲方；屋角有圃，圃欲宽；圃中有鹤，鹤欲舞；鹤报有客，客不俗；客至有酒，酒欲不却；酒行有醉，醉欲不归。

［解读］ 此段叙述，是深知中国园林营建之观点。

6.8 清晨林鸟争鸣，唤醒一枕春梦。独黄鹂百舌，抑扬高下，最可人意。

6.9 高峰入云，清流见底。两岸石壁，五色交辉，青林翠竹，四时俱备。晓雾将歇，猿鸟乱鸣；日夕欲颓，沉鳞竞跃，实欲界之仙都。自康乐以来，未有能与其奇者。

［解读］ 欲界：佛家以与净土相对的世界叫欲界，指有情所住之世界。欲界与色界、无色界合称三界。

6.10 曲径烟深，路接杏花酒舍；澄江日落，门通杨柳渔家。

6.11 长松怪石，去墟落不下一二十里，鸟径缘崖，涉水于草莽间。数四左右，两三家相望，鸡犬之声相闻。竹篱草舍，燕处其间，兰菊艺之，霜月春风，日有余思。临水时种桃梅，儿童婢仆皆布衣短褐，以给薪水，酿村酒而饮之。案有《诗》《书》《庄周》《太玄》《楚辞》《黄庭》《阴符》《楞严》《圆觉》数十卷而已。杖藜蹑屐，往来穷谷大川，听流水，看激湍，鉴澄潭，步危桥，坐茂树，探幽壑，升高峰，不亦乐乎！

[解读] 语出宋代周密的《澄怀录》。

燕处其间：安闲在其中歇息。

艺：培植。

褐：粗布衣。

《太玄》：汉扬雄作。

《黄庭》《阴符》：道教的两部经典。

《楞严》《圆觉》：佛教经典。

杖藜蹑屐：用树枝做杖，穿着木屐。

6.12 天气晴朗，步出南郊野寺，沽酒饮之。半醉半醒，携僧上雨花台，看长江一线，风帆摇曳，钟山紫气，掩映黄屋，景趣满前，应接不暇。

[解读] 雨花台：在南京。

6.13 净扫一室，用博山炉爇沉水香，香烟缕缕，直透心窍，最令人精神凝聚。

[解读] 爇（ruò）：烧。

6.14 每登高丘，步邃谷，延留燕坐，见悬崖瀑流，寿木垂萝，閟邃岑寂之处，终日忘返。

［解读］ 閟（bì）邃：静谧阒寂。

6.15 每遇胜日有好怀，袖手哦古人诗足矣。青山秀水，到眼即可舒啸，何必居篱落下，然后为己物？

［解读］ 胜日：天气晴好的日子。

6.16 柴门不扃，筠帘半卷，梁间紫燕，呢呢喃喃，飞出飞入。山人以啸咏佐之，皆各适其性。风晨月夕，客去后，蒲团可以双跏；烟岛云林，兴来时，竹杖何妨独往。

［解读］ 扃（jiōng）：关闭。

筠帘：竹帘。

6.17 三径竹间，日华澹澹，固野客之良辰；一偏窗下，风雨潇潇，亦幽人之好景。

［解读］ 日华澹澹：日光溶溶。

6.18 乔松十数株，修竹千余竿；青萝为墙垣，白石为鸟道；流水周于舍下，飞泉落于檐间；绿柳白莲，罗生池砌；时居其中，无不快心。

6.19 人冷因花寂，湖虚受雨喧。

6.20 有屋数间，有田数亩。用盆为池，以瓮为牖。墙高于肩，室大于斗。布被暖余，藜羹饱后。气吐胸中，充塞宇宙。笔落人间，辉映琼玖。人能知止，以退为茂。我自不出，何退之有？心无妄想，足无妄走。人无妄交，物无妄受。炎炎论之，甘处其陋。绰绰言之，无出其右。羲轩之书，未尝去手。尧舜之谈，未尝离口。谭中和天，同乐易友。吟自在诗，饮欢喜酒。百年升平，不为不偶。七十康强，不为不寿。

［解读］ 牖：窗户。

藜羹：藜藿之羹。

炎炎论之：《庄子·齐物论》有“大知闲闲，小知间间；大言炎炎，小言詹詹。”炎炎，形容出言空虚，华而不实。

羲轩：伏羲和轩辕黄帝。

谭中：谭言微中，意指说话隐微曲折而切中事理。

6.21 中庭蕙草销雪，小苑梨花梦云。

6.22 以江湖相期，烟霞相许；付同心之雅会，托意气之良游，或闭户读书，累月不出；或登山玩水，竟日忘归。斯贤达之素交，盖千秋之一遇。

6.23 荫映岩流之际，偃息琴书之侧，寄心松竹，取乐鱼鸟，则淡泊之愿，于是毕矣。

6.24 庭前幽花时发，披览既倦，每啜茗对之。香色撩人，吟思忽起，遂歌一古诗，以适清兴。

［解读］ 啜茗：饮茶。

6.25 凡静室，须前栽碧梧，后种翠竹；前檐放步，北用暗窗，春冬闭之，以避风雨，夏秋可开，以通凉爽。然碧梧之趣，春冬落叶，以舒负暄融和之乐；夏秋交荫，以蔽炎烁蒸烈之威。四时得宜，莫此为胜。

6.26 家有三亩园，花木郁郁。客来煮茗，谈上都贵游、人间可喜事，或茗寒酒冷，宾主相忘。其居与山谷相望，暇则步草径相寻。

［解读］ 上都：京城。

6.27 良辰美景，春暖秋凉。负杖蹑履，逍遥自乐。临池观鱼，披林听鸟；酌酒一杯，弹琴一曲；求数刻之乐，庶几居常以待终。筑室数楹，编槿为篱，结茅为亭。以三亩荫竹树栽花果，二亩种蔬菜，四壁清旷，空诸所有，蓄山童灌园薙草。置二三胡床着亭下，挟书剑以伴孤寂，携琴奕以迟良友。此亦可以娱老。

［解读］ 薙（zhì）：剪，修整。

6.28 一径阴开，势隐蛇蟺之致，云到成迷；半阁孤悬，影回缥缈之观，星临可摘。

［解读］ 蟺（shàn）：鳝鱼的别称。

6.29 几分春色，全凭狂花疏柳安排；一派秋容，总是红蓼白苹妆点。

6.30 南湖水落，妆台之明月犹悬；西郭烟销，绣榻之彩云不散。秋竹沙中淡，寒山寺里深。

6.31 野旷天低树，江清月近人。

［解读］ 孟浩然《宿建德江》："移舟泊烟渚，日暮客愁新。野旷天低树，江清月近人。"

6.32 潭水寒生月，松风夜带秋。

［解读］ 岳飞《巍石山龙居寺》诗句。

6.33 春山艳冶如笑，夏山苍翠如滴，秋山明净如妆，冬山惨淡如睡。

［解读］ 出自宋郭熙《林泉高致》。

6.34 眇眇乎春山，淡冶而欲笑。翔翔乎空丝，绰约而自飞。

［解读］ 空丝：云霭。

6.35 盛暑持蒲，榻铺竹下，卧读《骚》经，树影筛风，浓阴蔽日，丛竹蝉声，远远相续，蘧然入梦。醒来命取榐栉发，汲石涧流泉，烹云芽一啜，觉两腋生风。徐步草玄亭，芰荷出水，风送清香，鱼戏冷泉，凌波跳掷。因陟东皋之上，四望溪山罨画，平野苍翠。激气发于林瀑，好风送之水涯，手挥麈尾，清兴洒然。不待法雨凉雪，使人火宅之念都冷。

［解读］ 榐（zhǎn）：本是树名，这里指梳发工具。

芰（jì）荷：荷花。

陟：登。

罨（yǎn）：覆盖。罨画的意思是站在高处可溪山，就像覆盖一幅画一样。

6.36 山曲小房，入园窈窕幽径，绿玉万竿。中汇涧水为曲池，环池竹树云石，其后平冈逶迤，古松鳞鬣，松下皆灌丛杂木，茑萝骈织，亭榭翼然。夜半鹤唳清远，恍如宿花坞；间闻哀猿啼啸，嘹呖惊霜，初不辨其为城市为山林也。

[解读] 鳞鬣（liè）：形容松涛呼啸奔腾的声响。

嘹呖：形容凄厉的叫声。

6.37 一抹万家，烟横树色，翠树欲流，浅深间布，心目竞观，神情爽涤。

6.38 万里澄空，千峰开霁，山色如黛，风气如秋，浓阴如幕，烟光如缕，笛响如鹤唳，经飓如咿唔，温言如春絮，冷语如寒冰，此景不应虚掷。

[解读] 经飓：读佛经的声音。

咿唔：咿咿作语。

6.39 山房置古琴一张，质虽非紫琼绿玉，响不在焦尾号钟，置之石床，快作数弄。深山无人，水流花开，清绝冷绝。

[解读] 禅宗有三境说："落叶满空山，何处寻行迹"，为第一境；"空山无人，水流花开"，为第二境；"万古长风，一朝风月"，这是第三境。

6.40 密竹轶云，长林蔽日，浅翠娇青，笼烟惹湿，构数椽其间，竹树为篱，不复葺垣。中有一泓流水，清可漱齿，曲可流觞。放歌其间，离披茜郁，神涤意闲。

[解读] 轶云：轻轻飘荡的云。

6.41 抱影寒窗，霜夜不寐，徘徊松竹下。四山月白露坠，冰柯相与，咏李白《静夜思》，便觉冷然寒风。就寝，复坐蒲团，从松端看月，煮茗佐谈，竟此夜乐。

6.42 云晴叆叇，石楚流滋，狂飙忽卷，珠雨淋漓。黄昏孤灯明灭，山房清旷，意自悠然。夜半松涛惊飓，蕉园鸣琅，窾坎之声，疏密间发，愁乐交集，足写幽怀。

[解读] 叆叇（ài dài）：形容轻云飘卷的样子。

窾（kuǎn）坎：象声词，形容物撞击所发出的激越的声响。

6.43 四林皆雪，登眺时见絮起风中，千峰堆玉，鸦翻城角，万壑铺银。无树飘花，片片绘子瞻之壁；不妆散粉，点点糁原宪之羹。飞霰入林，回风折竹。徘徊凝览，以发奇思。画冒雪出云之势，呼松醪茗饮之景。拥炉煨芋，欣然一饱，随作雪景一幅，以寄僧赏。

[解读] 子瞻：苏轼，字子瞻。

糁（shēn）：谷粒。

原宪：孔子的弟子。

飞霰（xiàn）：飘飞的雪粒。

6.44 孤帆落照中，见青山映带，征鸿回渚，争栖竞啄，宿水鸣云，声凄夜月，秋飙萧瑟，听之黯然。遂使一夜西风，寒生露白。万山深处，一泓涧水，四周削壁，石磴崭岩，丛木蓊郁，老猿穴其中。古松屈曲，高拂云颠，鹤来时栖其顶。每晴初霜旦，林寒涧肃，高猿长啸，属引清风。风声鹤唳，嘹呖惊霜，闻之令人凄绝。

［解读］　穴：用为动词，钻入穴中。

6.45　春雨初霁，园林如洗，开扉闲望，见绿畴麦浪层层，与湖头烟水相映带。一派苍翠之色，或从树杪流来，或自溪边吐出。支筇散步，觉数十年尘土肺肠，俱为洗净。

［解读］　树杪（miǎo）：树梢。

6.46　四月有新笋、新茶、新寒豆、新含桃，绿阴一片，黄鸟数声。乍晴乍雨，不暖不寒。坐间非雅非俗，半醉半醒，尔时如从鹤背飞下耳。

6.47　名从刻竹，源分渭亩之云；倦以据梧，清梦郁林之石。

6.48　夕阳林际，蕉叶堕地而鹿眠；点雪炉头，茶烟飘而鹤避。

6.49　高堂客散，虚户风来，门设不关，帘钩欲下。横轩有狻猊之鼎，隐几皆龙马之文。流览霄端，寓观濠上。

［解读］　狻猊（suān ní）之鼎：狻猊，狮子的别名。狻猊之鼎就是指雕刻着狮子的鼎器。

濠上：用庄子“濠梁观鱼”的典故。

6.50　山经秋而转淡，秋入山而倍清。

6.51　山居有四法：树无行次，石无位置，屋无宏肆，心无机事。

[解读] 山居四法，颇有分别，既谈到了景物的选择，又谈到了自己的心态。树无行次，强调树木的参差，参差而有野趣。石无位置，强调石头形状要富有变化，不能呆板。

6.52 花有喜、怒、寤、寐、晓、夕，浴花者得其候，乃为膏雨。淡云薄日，夕阳佳月，花之晓也；狂号连雨，烈焰浓寒，花之夕也；檀唇烘日，媚体藏风，花之喜也；晕酣神敛，烟色迷离，花之愁也；欹枝困槛，如不胜风，花之梦也；嫣然流盼，光华溢目，花之醒也。

6.53 海山微茫而隐见，江山严厉而峭卓，溪山窈窕而幽深，塞山童赪而堆阜，桂林之山绵衍庞博，江南之山峻峭巧丽。山之形色，不同如此。

[解读] 赪（chēng）：浅红色。

绵衍庞博：形容山势绵延，气势宏伟。

6.54 杜门避影出山，一事不到，梦寐间春昼花阴，猿鹤饱卧，亦五云之余荫。

6.55 白云徘徊，终日不去，岩泉一支，潺湲斋中。春之昼，秋之夕，既清且幽，大得隐者之乐，惟恐一日移去。

6.56 与衲子辈坐林石上，谈因果，说公案。久之，松际月来，振衣而起，踏树影而归，此日便是虚度。

[解读] 公案：佛教中一种重要的论说形式，往往是围绕一个问

题展开讨论，聚讼纷纭。

6.57 结庐人径，植杖山阿，林壑地之所丰，烟霞性之所适。荫丹桂，藉白茅，浊酒一杯，清琴数弄。诚足乐也。

[解读] 山阿：山间。

藉白茅：以茅草作为坐垫。

6.58 辋水沦涟，与月上下；寒山远火，明灭林外，深巷小犬，吠声如豹，村虚夜春，复与疏钟相间。此时独坐，童仆静默。

[解读] 辋水：王维曾居辋川，此用其意。

6.59 东风开柳眼，黄鸟骂桃奴。

[解读] 柳眼：元稹《生春》："何处生春早，春生柳眼中。"

6.60 晴雪长松，开窗独坐，恍如身在冰壶；斜阳芳草，携杖闲吟，信是人行图画。

6.61 小窗下修篁萧瑟，野鸟悲啼；峭壁间醉墨淋漓，山灵呵护。霜林之红树，秋水之白蘋。

6.62 云收便悠然共游，雨滴便泠然俱清；鸟啼便欣然有会，花落便洒然有得。

[解读] 有此境，便有此心，心随物往，物随我运，物我相合，成一天地境界。

6.63 千竿修竹，周遭半亩方塘；一片白云，遮蔽五株垂柳。

[解读] 半亩方塘：朱熹："半亩方塘一鉴开，天光云影自徘徊。"五株垂柳：陶渊明号五柳先生。

6.64 山馆秋深，野鹤唳残清夜月；江园春暮，杜鹃啼断落花风。青山非僧不致，绿水无舟更幽；朱门有客方尊，缁衣绝粮益韵。

[解读] 缁衣：黑衣，形容地位低下的人。

6.65 杏花疏雨，杨柳轻风，兴到欣然独往；村落烟横，沙滩月印，歌残倏尔言旋。

[解读] 歌残倏尔言旋：歌声停止，余音在山谷中回响。

6.66 赏花酣酒，酒浮园菊凡三盏；睡醒问月，月到庭梧第二枝。此时此兴，亦复不浅。

6.67 几点飞鸦，归来绿树；一行征雁，界破青天。

[解读] 界：划破。

6.68 看山雨后，霁色一新，便觉青山倍秀；玩月江中，波光千顷，顿令明月增辉。

[解读] 此条有王维"空山新雨后，天气晚来秋"的意韵。

6.69 楼台落日，山川出云。

6.70 玉树之长廊半阴，金陵之倒景犹赤。

6.71 小窗偃卧，月影到床。或逗留于梧桐，或摇乱于杨柳。翠华扑被，神骨俱仙。及从竹里流来，如自苍云吐出。

6.72 清送素蛾之环佩，逸移幽士之羽裳。想思足慰于故人，清啸自纡于良夜。

6.73 绘雪者，不能绘其清；绘月者，不能绘其明；绘花者，不能绘其香；绘风者，不能绘其声；绘人者，不能绘其情。

6.74 读书宜楼，其快有五：无剥啄之惊，一快也；可远眺，二快也；无湿气浸床，三快也；木末竹颠，与鸟交语，四快也；云霞宿高檐，五快也。

6.75 山径幽深，十里长松引路，不倩金张；俗态纠缠，一编残卷疗人，何须卢扁。

[解读] 倩：请。

金张：指西汉宣帝朝的显宦金日磾、张安世。后用以金张代指显宦。

卢扁：卢生和扁鹊，古代传说中的两位神医。

6.76 喜方外之浩荡，叹人间之窘束。逢阆苑之逸客，值蓬莱之故人。

6.77 忽据梧而策杖，亦披裘而负薪。

[解读] 唐王绩《游北山赋》之句。

6.78 出芝田而计亩，入桃源而问津。菊花两岸，松声一丘。叶动猿来，花惊鸟去。阅丘壑之新趣，纵江湖之旧心。

6.79 篱边杖履送僧，花须列于巾角；石上壶觞坐客，松子落我衣裾。

6.80 远山宜秋，近山宜春，高山宜雪，平山宜月。

6.81 珠帘蔽月，翻窥窈窕之花；绮幔藏云，恐碍扶疏之柳。

6.82 松子为餐，蒲根可服。

6.83 烟霞润色，荃荑结芳。出涧幽而泉冽，入山户而松凉。

［解读］ 荃荑：野草。

6.84 旭日始暖，蕙草可织；园桃红点，流水碧色。

6.85 玩飞花之度窗，看春风之入柳；命丽人于玉席，陈宝器于纨罗。忽翔飞而暂隐，时凌空而更飏。竹依窗而弄影，兰因风而送香。风暂下而将飘，烟才高而不瞑。

6.86 悠扬绿柳，讶合浦之同归；缭绕青霄，环五星之一气。

6.87 缛绣起于缇纺，烟霞生于灌莽。

卷七　集韵

人生斯世，不能读尽天下秘书灵笈。有目而昧，有口而哑，有耳而聋，而面上三斗俗尘，何时扫去？则“韵”之一字，其世人对症之药乎！虽然，今世且有焚香啜茗，清凉在口，尘俗在心，俨然自附于韵，亦何异三家村老妪，动口念阿弥，便云开天成佛也。集韵第七。

7.1　陈慥家蓄数姬，每日晚藏花一枝，使诸姬射覆，中者留宿，时号“花媒”。

［解读］　陈慥（zào）：字季常，宋代文学家，苏东坡好友，喜好宾客，蓄纳声姬。

射覆：古代的一种游戏。

7.2　雪后寻梅，霜前访菊；雨际护兰，风外听竹。

7.3　清斋幽闭，时时暮雨打梨花；冷句忽来，字字秋风吹木叶。

7.4　多方分别，是非之窦易开；一味圆融，人我之见不立。

［解读］　窦：门。

7.5　春云宜山，夏云宜树，秋云宜水，冬云宜野。清疏畅快，月色最称风光；潇洒风流，花情何如柳态。

7.6　春夜小窗兀坐，月上木兰有骨，凌冰怀人如玉。因想“雪满山中高士卧，月明林下美人来”语，此际光景颇似。

[解读]　雪满山中高士卧，月明林下美人来：出自明朝高启的咏梅花诗。

7.7　文房供具，借以快目适玩。铺叠如市，颇损雅趣。其点缀之法，罗罗清疏，方能得致。

7.8　香令人幽，酒令人远，茶令人爽，琴令人寂，棋令人闲，剑令人侠，杖令人轻，麈令人雅，月令人清，竹令人冷，花令人韵，石令人隽，雪令人旷，僧令人淡，蒲团令人野，美人令人怜，山水令人奇，书史令人博，金石鼎彝令人古。

[解读]　此中多有所本，如酒令人远出自《世说新语》：“酒令人人自远。”石令人隽，出自文震亨《长物志》。

7.9　吾斋之中，不尚虚礼。凡入此斋，均为知己。随分款留，忘形笑语。不言是非，不侈荣利。闲谈古今，静玩山水。清茶好酒，以适幽趣。臭味之交，如斯而已。

[解读]　元赵孟頫《真率斋铭》云：“吾斋之中，弗尚虚礼。不迎客来，不送客去。宾主无间，坐列无序。真率为约，简素为具。有酒且酌，无酒且止。清琴一曲，好香一炷。闲谈古今，静玩山水。不言是非，不论官事。行立坐卧，忘形适趣。冷淡家风，林泉高致。道义之交，如斯而已。”

7.10　窗宜竹雨声，亭宜松风声，几宜洗砚声，榻宜翻书声，月宜琴声，雪宜茶声，春宜筝声，秋宜笛声，夜宜砧声。

7.11 鸡坛可以益学，鹤阵可以善兵。

［解读］ 鸡坛：晋周处《风土记》："越俗性率朴，初与人交，有礼：封土坛，祭以犬鸡，祝曰：'卿虽乘车我戴笠，后日相逢下车揖。我步行，君乘马，他日相逢卿当下。"后人以"鸡坛"来指交友拜盟。

鹤阵：古代阵法，亦称鹤翼阵。

7.12 翻经如壁观僧，饮酒如醉道士；横琴如黄葛野人，肃客如碧桃渔父。

［解读］ 壁观：壁观禅为菩提达摩所创。

7.13 竹径款扉，柳阴班席。每当雄才之处，明月停辉，浮云驻影。退而与诸俊髦西湖靓媚。赖此英雄，一洗粉泽。

7.14 云林性嗜茶，在惠山中，用核桃、松子肉和白糖，成小块，如石子，置茶中，出以啖客，名曰清泉白石。

［解读］ 云林：倪瓒，字云林，元代著名画家。此出自《云林逸事》。

7.15 有花皆刺眼，无月便攒眉，当场得无妒我；花归三寸管，月代五更灯，此事何可语人？

7.16 求校书于女史，论慷慨于青楼。

7.17 填不满贪海，攻不破疑城。

7.18 机息便有月到风来，不必苦海人世；心远自无车尘马迹，何须痼疾丘山？

［解读］　月到风来：元虞集有“月到天心处，风来书面亭”诗句。

心远自无车尘马迹：陶渊明诗云：“结庐在人境，而无车马喧。问君何能尔，心远地自偏。”

痼疾丘山：即烟霞痼疾，泉石膏肓。

7.19　郊中野坐，固可班荆；径里闲谈，最宜拂石。侵云烟而独冷，移开清笑胡床；借竹木以成幽，撤去庄严莲坐。

［解读］　此条又见前文。

7.20　幽心人似梅花，韵心士同杨柳。

7.21　情因年少，酒因境多。

7.22　看书筑得村楼，空山曲抱；趺坐扫来花径，乱水斜穿。

［解读］　趺（fū）坐：趺跏而坐，佛教徒盘腿端坐的姿势。

7.23　倦时呼鹤舞，醉后倩僧扶。

7.24　笔床茶灶，不巾栉闭户潜夫；宝轴牙签，少须眉下帷董子。鸟衔幽梦远，只在数尺窗纱；蛩递秋声，悄无言一龛灯火。借草班荆，安稳林泉之穸；披裘拾穗，逍遥草泽之癯。

［解读］　潜夫：东汉王符曾作《潜夫论》，潜夫疑指王符。

董子：汉思想家董仲舒。

穸（xī）：黄昏。

癯：瘦。

7.25 万绿阴中，小亭避暑。八闼洞开，几簟皆绿，雨过蝉声来，花气令人醉。

［解读］ 闼（tà）：门。

7.26 剸犀截雁之舌锋，逐日追风之脚力。

［解读］ 剸（tuán）：割。

7.27 瘦影疏而漏月，香阴气而堕风。

7.28 修竹到门云里寺，流泉入袖水中人。

7.29 诗题半作逃禅偈，酒价都为买药钱。

［解读］ 逃禅偈：禅宗的偈语。

7.30 扫石月盈帚，滤泉花满筛。

7.31 流水有方能出世，名山如药可轻身。

7.32 与梅同瘦，与竹同清，与柳同眠，与桃李同笑，居然花里神仙；与莺同声，与燕同语，与鹤同唳，与鹦鹉同言，如此话中知己。

7.33 栽花种竹，全凭诗格取裁；听鸟观鱼，要在酒情打点。

7.34 登山遇厉瘴，放艇遇腥风，抹竹遇缪丝，修花遇酲雾，欢场遇害马，吟席遇伧夫，若斯不遇，甚于泥涂；偶集逢好花，踏歌逢明月，席地逢软草，攀磴逢疏藤，展卷逢静云，战茗逢新雨，如此相逢，逾于知己。

7.35 草色遍溪桥，醉得蜻蜓春翅软；花风通驿路，迷来蝴蝶晓魂香。

7.36 田舍儿强作馨语，博得俗因；风月场插入伧父，便成恶趣。诗瘦到门邻病鹤，清影颇嘉；书贫经座并寒蝉，雄风顿挫。梅花入夜影萧疏，顿令月瘦；柳絮当空晴恍忽，偏惹风狂。花阴流影，散为半院舞衣；水响飞音，听来一溪歌板。

[解读] 田舍儿强作馨语：种田人故作高雅语。

伧父：粗鲁之人。

恍忽：同“恍惚”。

7.37 萍花香里风清，几度渔歌；杨柳影中月冷，数声牛笛。

7.38 谢将缥缈无归处，断浦沉云；行到纷纭不系时，空山挂雨。浑如花醉，潦倒何妨；绝胜柳狂，风流自赏。

7.39 春光浓似酒，花故醉人；夜色澄如水，月来洗俗。

7.40 雨打梨花深闭门，怎生消遣；分付梅花自主张，着甚牢骚？对酒当歌，四座好风随月到；脱巾露顶，一楼新雨带云来。浣花溪内，洗十年游子衣尘；修竹林中，定四海良朋交籍。人语亦语，诋其昧于钳口；人默亦默，訾其短于雌黄。艳阳天气，是花皆堪酿酒；绿阴深处，凡叶尽可题诗。

7.41 曲沼荇香侵月，未许鱼窥；幽关松冷巢云，不劳鹤伴。

7.42 篇诗斗酒，何殊太白之丹丘；扣舷吹箫，好继东坡之赤壁。获佳文易，获文友难；获文友易，获文姬难。

[解读] 篇诗斗酒，何殊太白之丹丘，语本李白《将进酒》："岑夫子，丹丘生。将进酒，杯莫停。与君歌一曲，请君为我侧耳听。钟鼓馔玉不足贵，但愿长醉不复醒。古来圣贤皆寂寞，惟有饮者留其名。"

东坡之赤壁：指东坡之《赤壁赋》。

7.43 茶中着料，碗中着果，譬如玉貌加脂，蛾眉着黛，翻累本色。煎茶非漫浪，要须人品与茶相得。故其法往往传于高流隐逸，有烟霞泉石磊落胸次者。

[解读] 烟霞泉石磊落胸次：即山水可以陶冶胸次。

7.44 楼前桐叶，散为一院清阴；枕上鸟声，唤起半窗红日。

7.45 天然文锦，浪吹花港之鱼；自在笙簧，风戛园林之竹。

[解读] 天然文锦：自然的波纹。

自在笙簧：自然的声响是最好的音乐。

戛（jiá）：轻轻地敲打。

7.46 高士流连，花木添清疏之致；幽人剥啄，莓苔生黯淡之光。

7.47 松涧边携杖独往，立处云生破衲；竹窗下枕书高卧，觉时月浸寒毡。

7.48 散履闲行，野鸟忘机时作伴；披襟兀坐，白云无语漫相留。客到茶烟起竹下，何嫌屐破苍苔；诗成笔影弄花间，且喜歌飞《白雪》。

7.49 月有意而入窗，云无心而出岫。

［解读］ 陶渊明《归去来兮辞》：“云无心而出岫，鸟倦飞而知还。”

7.50 屏绝外慕，偃息长林，置理乱于不闻，托清闲而自佚。松轩竹坞，酒瓮茶铛；山月溪云，农蓑渔罟。

［解读］ 渔罟：鱼网。

7.51 怪石为实友，名琴为和友，好书为益友，奇画为观友，法帖为范友，良砚为砺友，宝镜为明友，净几为方友，古磁为虚友，旧炉为薰友，纸帐为素友，拂麈为静友。

7.52 扫径迎清风，登台邀明月。琴觞之余，间以歌咏，止许鸟语花香，来吾几榻耳。

7.53 风波尘俗，不到意中；云水淡情，常来想外。

7.54 纸帐梅花，休惊他三春清梦；笔床茶灶，可了我半日浮生。酒浇清苦月，诗慰寂寥花。

7.55 好梦乍回，沉心未烬；风雨如晦，竹响入床，此时兴复不浅。

[解读] 《诗经》中有“风雨如晦，鸡鸣不已”之语。

7.56 山非高峻不佳，不远城市不佳，不近林木不佳，无流泉不佳，无寺观不佳，无云雾不佳，无樵牧不佳。

7.57 一室十圭，寒蛩声暗。折脚铛边，敲石无火。水月在轩，灯魂未灭。揽衣独坐，如游皇古。

7.58 意思虚闲，世界清净，我身我心，了不可取。此一境界，名最第一。

7.59 花枝送客蛙催鼓，竹籁喧林鸟报更。可谓山史实录。

7.60 遇月夜，露坐中庭，心爇香一炷，可号伴月香。

7.61 襟韵洒落如晴雪，秋月尘埃不可犯。

7.62 峰峦窈窕，一拳便是名山；花竹扶疏，半亩如同金谷。

［解读］　一拳：形容小石头一块叫一拳。

7.63　观山水亦如读书，随其见趣高下。

7.64　名利场中羽客，人人输蔡泽一筹；烟花队里仙流，个个让焕之独步。

［解读］　蔡泽：战国时秦国谋士，后功成身退。

焕之：疑指王羲之三子王涣之，善行草书。

7.65　深山高居，炉香不可缺。取老松柏之根枝实叶，共捣治之，研风昉羼和之，每焚一丸，亦足助清苦。

［解读］　风昉：疑作“枫肪”，即枫树的树脂。

羼（chàn）：掺杂。

7.66　白日羲皇世，青山绮皓心。

［解读］　绮皓：汉初有“商山四皓”，他们四人避秦乱，躲在深山，这里举绮里季，用以代表四皓。

7.67　松声，涧声，山禽声，夜虫声，鹤声，琴声，棋子落声，雨滴阶声，雪洒窗声，煎茶声，皆声之至清，而读书声为最。

7.68　晓起入山，新流没岸。棋声未尽，石磐依然。

7.69　松声竹韵，不浓不淡。

7.70　何必丝与竹，山水有清音。

［解读］　出自西晋左思《咏史》诗。

7.71　世路中人，或图功名，或治生产，尽自正经。争奈天地间好风月、好山水、好书籍，了不相涉，岂非枉却一生！

7.72　李岩老好睡。众人食罢下棋，岩老辄就枕，阅数局乃一展转，云："我始一局，君几局矣？"

［解读］　据《苕溪渔隐丛话前集》卷三十三："东坡云：南岳李岩老好睡，众人食饱下棋，岩老辄就枕，阅数局乃一展转，云：我始一局，君几局矣？东坡曰：岩老常用四脚棋盘，着一色黑子，昔与边韶敌手，今被陈抟饶先着。时自有输赢，着了并无一物。"

7.73　晚登秀江亭，澄波古木，使人得意于尘埃之外，盖人闲景幽，两相奇绝耳。

7.74　笔砚精良，人生一乐，徒设只觉村妆；琴瑟在御，莫不静好，才陈便得天趣。

7.75　蔡中郎传，情思逶迤；北西厢记，兴致流丽。学他描神写景，必先细味沉吟；如曰寄趣本头，空博风流种子。

［解读］　蔡中郎：东汉文学家蔡邕。

北西厢记：《北西厢》是对元代王实甫杂剧《西厢记》的称呼，相对于明末李日华所著明传奇《南西厢》而言。

7.76　夜长无赖，徘徊蕉雨半窗；日永多闲，打叠桐阴一院。

7.77 雨穿寒砌，夜来滴破愁心；雪洒虚窗，晓去散开清影。

7.78 春夜宜苦吟，宜焚香读书，宜与老僧说法，以销艳思。夏夜宜闲谈，宜临水枯坐，宜听松声冷韵，以涤烦襟。秋夜宜豪游，宜访快士，宜谈兵说剑，以除萧瑟。冬夜宜茗战，宜酌酒说《三国》《水浒》《金瓶梅》诸集，宜箸竹肉，以破孤岑。

7.79 玉之在璞，追琢则珪璋；水之发源，疏浚则川沼。

7.80 山以虚而受，水以实而流。读书当作如是观。

［解读］ 这一条以山水比读书，颇新鲜，如山虚受，如水实流。

7.81 古之君子，行无友，则友松竹；居无友，则友云山。余无友，则友古之友松竹、友云山者。

7.82 买舟载书，作无名钓徒。每当草蓑月冷，铁笛风清，觉张志和、陆天随去人未远。

［解读］ 张志和、陆天随（龟蒙）均为唐代诗人，其诗以表现隐逸山水的情趣而著称。

7.83 “今日鬓丝禅榻畔，茶烟轻飏落花风。”此趣惟白香山得之。

［解读］ 所举两句诗为杜牧所作。

7.84 清姿如卧云餐雪，天地尽愧其尘污；雅致如蕴玉含珠，日月转嫌其泄露。

［解读］ 陆机《文赋》：“石蕴玉而山辉，水怀珠而川媚。”

7.85 焚香啜茗，自是吴中习气，雨窗却不可少。

7.86 茶取色臭俱佳，行家偏嫌味苦；香须冲淡为雅，幽人最忌烟浓。

［解读］ 色臭：色和味。

7.87 朱明之候，绿阴满林，科头散发，箕踞白眼，坐长松下，萧骚流觞，正是宜人疏散之场。

［解读］ 王维：“科头箕踞长松下，白眼看他世上人。”

7.88 读书夜坐，钟声远闻，梵响相和，从林端来，洒洒窗几上，化作天籁虚无矣。

7.89 夏日蝉声太烦，则弄箫随其韵转；秋冬夜声寥飒，则操琴一曲咻之。

［解读］ 咻：和。

7.90 心清鉴底潇湘月，骨冷禅中太华秋。

［解读］ 太华：华山。

7.91 语鸟名花，供四时之啸咏；清泉白石，成一世之幽怀。

7.92 扫石烹泉，舌底朝朝茶味；开窗染翰，眼前处处诗题。

7.93 权轻势去，何妨张雀罗于门前；位高金多，自当效蛇行于郊外。盖炎凉世态，本是常情，故人所浩叹，惟宜付之冷笑耳。

7.94 溪畔轻风，沙汀印月，独往闲行。尝喜见渔家笑傲；松花酿酒，春水煎茶，甘心藏拙，不复问人世兴衰。

7.95 手抚长松，仰视白云，庭空鸟语，悠然自欣。

7.96 或夕阳篱落，或明月帘栊，或雨夜联榻，或竹下传觞，或青山当户，或白云可庭。于斯时也，把臂促膝，相知几人；谑语雄谈，快心千古。

7.97 疏帘清簟，销白昼惟有棋声；幽径柴门，印苍苔只容屐齿。

7.98 落花慵扫，留衬苍苔；村酿新刍，取烧红叶。

7.99 幽径苍苔，杜门谢客；绿阴清昼，脱帽观诗。

7.100 烟萝挂月，静听猿啼；瀑布飞虹，闲观鹤浴。

7.101 帘卷八窗，面面云峰送碧；塘开半亩，潇潇烟水涵清。

［解读］　朱熹诗云：“半亩方塘一鉴开，天光云影自徘徊。问渠那得清如许，为有源头活水来。”

7.102　云衲高僧，泛水登山，或可借以点缀。如必莲座说法，则诗酒之间，自有禅趣，不敢学苦行头陀，以作死灰。

［解读］　苦行头陀：苦行僧。

7.103　遨游仙子，寒云几片束行妆；高卧幽人，明月半床供枕簟。

7.104　落落者难合，一合便不可分；欣欣者易亲，乍亲忽然成怨。故君子之处世也，宁风霜自挟，无鱼鸟亲人。

7.105　海内殷勤，但读停云之赋；目中寥廓，徒歌明月之诗。

［解读］　《停云》为陶渊明所作。

明月之诗：指《诗经·陈风·月出》。

7.106　生平愿无恙者四：一曰青山，一曰故人，一曰藏书，一曰名草。

7.107　闻暖语如挟纩，闻冷语如饮冰，闻重语如负山，闻危语如压卵，闻温语如佩玉，闻益语如赠金。

7.108　旦起理花，午窗剪叶，或截草作字，夜卧忏罪，令一日风流潇散之过，不致堕落。

7.109　快欲之事，无如饥餐；适情之时，莫过甘寝。求多于清欲，即侈汰亦茫然也。

7.110　客来花外茗烟低，共销白昼；酒到梁间歌雪绕，不负清尊。云随羽客，在琼台双阙之间；鹤唳芝田，正桐阴灵虚之上。

卷八　集奇

我辈寂处窗下，视一切人世，俱若蠛蠓婴槐①，不堪寓目。而有一奇文怪说，目数行下，便狂呼叫绝，令人喜，令人怒，更令人悲。低徊数过，床头短剑亦呜呜作龙虎吟，便觉人世一切不平，俱付烟水。集奇第八。

8.1　吕圣功之不问朝士名，张师亮之不发窃器奴，韩稚圭之不易持烛兵，不独雅量过人，正是用世高手。

[解读]　吕圣功：吕蒙正，字圣功，北宋丞相，不喜记人过。张师亮：张齐贤，字师亮。北宋丞相，做官三十年没有告发过人。韩稚圭：韩琦，字稚圭，北宋丞相，他曾经夜里作书，持烛士兵不小心燃起他的胡须，他没有替换。

8.2　花看水影，竹看月影，美人看帘影。

[解读]　宋代有张先"张三影"之说，此又另一"三影"。

8.3　佞佛若可忏罪，则刑官无权；寻仙可以延年，则上帝无主。达士尽其在我，至诚贵于自然。

[解读]　佞佛：沉溺于佛教之中。

8.4　以货财害子孙，不必操戈入室；以学校杀后世，有如

① 蠛蠓婴槐：小虫在槐树上爬来爬去。

按剑伏兵。

8.5 君子不傲人以不如，不疑人以不肖。

8.6 读诸葛武侯《出师表》而不堕泪者，其人必不忠；读韩退之《祭十二郎文》而不堕泪者，其人必不友。

［解读］ 诸葛武侯：诸葛亮。

韩退之：韩愈。其《祭十二郎文》非常感人。

8.7 世味非不浓艳，可以淡然处之。独天下之伟人与奇物，幸一见之，自不觉魄动心惊。

8.8 道上红尘，江中白浪，饶他南面百城；花间明月，松下凉风，输我北窗一枕。

8.9 立言亦何容易，必有包天包地、包千古、包来今之识；必有惊天惊地、惊千古、惊来今之才；必有破天破地、破千古、破来今之胆。

［解读］ 在上古时期，我国就有“立德、立功、立言”三不朽的说法，此谈立言。

8.10 圣贤为骨，英雄为胆，日月为目，霹雳为舌。

8.11 瀑布天落，其喷也珠，其泻也练，其响也琴。

［解读］ 其泻也练：瀑布泻下，就像一条白练。

其响也琴：它的响声就像音乐。

8.12 平易近人，会见神仙济度；瞒心昧己，便有邪祟出来。

8.13 佳人飞去还奔月，骚客狂来欲上天。

[解读] 李白有"欲上青天揽明月"的诗句。

8.14 涯如沙聚，响若潮吞。

8.15 诗书乃圣贤之供案，妻妾乃屋漏之史官。

8.16 强项者未必为穷之路，屈膝者未必为通之媒。故铜头铁面，君子落得做个君子；奴颜婢膝，小人枉自做了小人。

[解读] 强项：恃强欺人的人。

8.17 有仙骨者，月亦能飞；无真气者，形终如槁。

8.18 一世穷根，种在一捻傲骨；千古笑端，伏于几个残牙。

8.19 石怪常疑虎，云闲却类僧。

8.20 大豪杰舍己为人，小丈夫因人利己。

8.21 一段世情，全凭冷眼觑破；几番幽趣，半从热肠换来。

8.22 识尽世间好人，读尽世间好书，看尽世间好山水。

8.23 舌头无骨，得言句之总持；眼里有筋，具游戏之三昧。

8.24 群居闭口，独坐防心。

8.25 当场傀儡，还我为之；大地众生，任渠笑骂。

8.26 三徙成名，笑范蠡碌碌浮生，纵扁舟忘却五湖风月；一朝解绶，羡渊明飘飘遗世，命巾车归来满架琴书。

[解读] 范蠡：春秋时越国的大夫，他功成后退隐江湖。巾车：遮以布篷的车子。

8.27 人生不得行胸怀，虽寿百岁，犹夭也。

8.28 棋能避世，睡能忘世。棋类耦耕之沮溺，去一不可；睡同御风之列子，独往独来。

[解读] 耦耕之沮溺：见《论语·微子》。

8.29 以一石一树与人者，非佳子弟。

8.30 一勺水，便具四海水味，世法不必尽尝；千江月，总是一轮月光，心珠宜当独朗。

[解读] 中国哲学中有“万川之月，只是一月”的思想，宋儒将其概括为“理一分殊”。

8.31 面上扫开十层甲，眉目才无可憎；胸中涤去数斗尘，语言方觉有味。

8.32 愁非一种，春愁则天愁地愁；怨有千般，闺怨则人怨鬼怨。天懒云沉，雨昏花蹙，法界岂少愁云；石颓山瘦，水枯木落，大地觉多窘况。

8.33 笋含禅味，喜坡仙玉版之参；石结清盟，受米颠袍笏之辱。文如临画，曾致诮于昔人；诗类书抄，竟沿流于今日。

［解读］ 坡仙：苏轼。

米颠：宋代著名书画家米芾。

致诮：受到讥讽。

8.34 缃绨递满而改头换面，兹律既湮；缥帙动盈而活剥生吞，斯风亦坠。先读经，后可读史；非作文，未可作诗。

8.35 俗气入骨，即吞刀刮肠，饮灰洗胃，觉俗态之益呈；正气效灵，即刀锯在前，鼎镬具后，见英风之益露。

8.36 于琴得道机，于棋得兵机，于卦得神机，于兰得仙机。

［解读］ 于卦得神机：在《周易》的八卦中得到神灵的启示。

8.37 相禅遐思唐虞，战争大笑楚汉。梦中蕉鹿犹真，觉后莼鲈一幻。

［解读］ 相禅（shàn）：相互禅让。

8.38 世界极于大千，不知大千之外更有何物；天宫极于非想，不知非想之上毕竟何穷。

8.39 千载奇逢，无如好书良友；一生清福，只在茗碗炉烟。

8.40 作梦则天地亦不醒，何论文章；为客则洪濛无主人，何有章句？

［解读］ 洪濛：同“鸿濛”。

8.41 艳出浦之轻莲，丽穿波之半月。

8.42 云气恍堆窗里岫，绝胜看山；泉声疑泻竹间樽，贤于对酒。杖底唯云，囊中唯月，不劳关市之讥；石笥藏书，池塘洗墨，岂供山泽之税。

8.43 有此世界，必不可无此传奇；有此传奇，乃可维此世界。则传奇所关非小，正可借口《西厢》一卷，以为风流谈资。

8.44 非穷愁不能著书，当孤愤不宜说剑。

［解读］ 司马迁《报任安书》：“盖文王拘而演《周易》；仲尼厄而作《春秋》；屈原放逐，乃赋《离骚》；左丘失明，厥有《国语》；孙子膑脚，《兵法》修列；不韦迁蜀，世传《吕览》；韩非囚秦，《说难》《孤愤》。《诗》三百篇，大抵圣贤发所为作也，此人皆意有郁结，不得通其道，故述往事，思来者。”

8.45 湖山之佳，无如清晓春时。常乘月至馆，景生残夜，水映岑楼，而翠黛临阶，吹流衣袂，莺声鸟韵，催起哄然。披衣步林中，则曙光薄户，明霞射几，轻风微散，海旭乍来。见沿堤春草霏霏，明媚如织，远岫朗润出林，长江浩渺无涯，岚光晴气，舒展不一，大是奇绝。

8.46 心无机事，案有好书，饱食晏眠，时清体健，此是上界真人。读《春秋》，在人事上见天理；读《周易》，在天理上见人事。

8.47 则何益矣，茗战有如酒兵；试妄言之，谈空不若说鬼。

8.48 镜花水月，若使慧眼看透；笔彩剑光，肯教壮志销磨。

8.49 烈士须一剑，则芙蓉赤精，亦不惜千金购之；士人惟寸管，映日干云之器，那得不重价相索！

［解读］ 芙蓉赤精：赤山所产的芙蓉剑称赤山精。

8.50 委形无寄，但教鹿豕为群；壮志有怀，莫遣草木同朽。

8.51 烘日吐霞，吞河漱月。气开地震，声动天发。

8.52 议论先辈，毕竟没学问之人；奖惜后生，定然关世道之寄。贫富之交，可以情谅，鲍子所以让金；贵贱之间，易以势移，管宁所以割席。

[解读]　鲍子：鲍叔牙。

管宁所以割席：管宁和华歆在园中锄菜，见地上有金子，管宁依然挥锄，视如瓦石，而华歆却捡起扔了。俩人在一张席上读书，时有乘华车过门，管宁读书如故，华歆则却书出望。于是，管宁将席子割开，和华歆分坐，说："你已经不是我的朋友了。"

8.53　论名节，则缓急之事小；较生死，则名节之论微。但知为饿夫以采南山之薇，不必为枯鱼以需西江之水。

[解读]　饿夫以采南山之薇：此说伯夷叔齐事。

8.54　儒有一亩之宫，自不妨草茅下贱；士无三寸之舌，何用此土木形骸。

8.55　鹏为羽杰，鲲称介豪。翼遮半天，背负重霄。

[解读]　《庄子·逍遥游》："北冥有鱼，其名为鲲。鲲之大，不知其几千里也。化而为鸟，其名为鹏。鹏之背，不知其几千里也。怒而飞，其翼若垂天之云。是鸟也，海运则将徙于南冥。南冥者，天池也。"

8.56　怜之一字，吾不乐受，盖有才而徒受人怜，无用可知；傲之一字，吾不敢矜，盖有才而徒以资傲，无用可知。

8.57　问近日讲章孰佳，坐一块蒲团自佳；问吾侪严师孰尊，对一枝红烛自尊。

[解读]　吾侪（chái）：我们。

8.58 点破无稽不根之论，只须冷语半言；看透阴阳颠倒之行，惟此冷眼一只。

8.59 古之钓也，以圣贤为竿，道德为纶，仁义为钩，利禄为饵，四海为池，万民为鱼。钓道微矣，非圣人其孰能之。

8.60 既梢云于清汉，亦倒影于华池。

8.61 浮云回度，开月影而弯环；骤雨横飞，挟星精而摇动。

8.62 天台嵥起，绕之以赤霞；削成孤峙，覆之以莲花。

[解读] 嵥（jié）：高耸独立。

李白《梦游天姥吟留别》："海客谈瀛洲，烟涛微茫信难求。越人语天姥，云霞明灭或可睹。天姥连天向天横，势拔五岳掩赤城。天台四万八千丈，对此欲倒东南倾。我欲因之梦吴越，一夜飞度镜湖月。湖月照我影，送我至剡（shàn）溪。"

8.63 金河别雁，铜柱辞鸢。关山天骨，霜木凋年。

8.64 翻飞倒影，擢菡萏于湖中；舒艳腾辉，攒螮蝀于天畔。

[解读] 螮蝀（dì dōng）：虹霓。

8.65 照万象于晴初，散寥天于日余。

卷九　集绮

朱楼绿幕，笑语勾别座之香；越舞吴歌，巧舌吐莲花之艳。此身如在怨脸愁眉、红妆翠袖之间，若远若近，为之黯然。嗟乎！又何怪乎身当其际者。拥玉床之翠而心迷，听伶人之奏而陨涕乎？集绮第九。

9.1　天台花好，阮郎却无计再来；巫峡云深，宋玉只有情空赋。瞻碧云之黯黯，觅神女其何踪；睹明月之娟娟，问嫦娥而不应。

[**解读**]　南朝宋刘义庆《幽明录》载，汉明帝时，会稽郡的刘晨和阮肇共入天台山采药，遇到两仙女，被招为婿，后思乡返家，发现已过十世，欲再回天台寻仙已经不可得。

巫峡云深，宋玉只有情空赋：此说宋玉《高唐赋》所描写的神女故事。

9.2　妆台正对书楼，隔池有影；绣户相通绮户，望眼多情。

9.3　莲开并蒂，影怜池上鸳鸯；缕结同心，日丽屏间孔雀。

9.4　堂上鸣琴，操久弹乎孤凤；邑中制锦，纹重织于双鸾。

9.5　镜想分鸾，琴悲别鹤。

9.6　春透水波明，寒峭花枝瘦。极目烟中百尺楼，人在楼中否？

9.7 明月当楼，高眠如避，惜哉夜光暗投；芳树交窗，把玩无主，嗟矣红颜薄命。

9.8 鸟语听其涩时，怜娇情之未啭；蝉声听已断处，愁孤节之渐消。

9.9 断雨断云，惊魄三春蝶梦；花开花落，悲歌一夜鹃啼。

9.10 衲子飞觞历乱，解脱于樽斝之间；钗行挥翰淋漓，风神在笔墨之外。

［解读］ 斝（jiǎ）：酒器。

9.11 养纸芙蓉粉，薰衣豆蔻香。

9.12 流苏帐底，披之而夜月窥人；玉镜台前，讽之而朝烟萦树。风流夸坠髻，时世斗啼眉。

9.13 新垒桃花红粉薄，隔楼芳草雪衣凉。

9.14 李后主宫人秋水，喜簪异花，芳香拂髻鬓，尝有粉蝶聚其间，扑之不去。

［解读］ 李后主的宫女秋水喜欢戴奇异的花朵。

9.15 濯足清流，芹香飞涧；浣花新水，蝶粉迷波。

9.16 昔人有花中十友：桂为仙友，莲为净友，梅为清友，菊为逸友，海棠名友，荼蘼韵友，瑞香殊友，芝兰芳友，腊梅奇友，栀子禅友。昔人有禽中五客：鸥为闲客，鹤为仙客，鹭为雪客，孔雀南客，鹦鹉陇客。会花鸟之情，真是天趣活泼。

9.17 凤笙龙管，蜀锦齐纨。

9.18 木香盛开，把杯独坐其下，遥令青奴吹笛，止留一小奚侍酒，才少斟酌便退，立迎春架后。花看半开，酒饮微醉。

［解读］ 小奚：小仆人。

9.19 夜来月下卧醒，花影零乱，满人襟袖，疑如濯魄于冰壶。

9.20 看花步男子当作女人，寻花步女子当作男人。

9.21 窗前俊石冷然，可代高人把臂；槛外名花绰约，无烦美女分香。

9.22 新调初裁，歌儿持板待拍；阄题方启，佳人捧砚濡毫。绝世风流，当场豪举。

［解读］ 阄题：抓阄选诗韵作诗。

9.23 野花艳目，不必牡丹；村酒醉人，何须绿蚁。

［解读］ 绿蚁：古代名酒名。

9.24 石鼓池边，小草无名可斗；板桥柳外，飞花有阵堪题。

9.25 桃红李白，疏篱细雨初来；燕紫莺黄，老树斜风乍透。

9.26 窗外梅开，喜有骚人弄笛；石边雪积，还须小妓烹茶。

9.27 高楼对月，邻女秋砧；古寺闻钟，山僧晓梵。

9.28 佳人病怯，不耐春寒；豪客多情，尤怜夜饮。李太白之宝花宜障，光孟祖之狗窦堪呼。

[解读] 李太白之宝花宜障：据《开元天宝遗事》记载，宁王有位歌妓叫宠姐，秘不示人，有一次李白乘酒兴提出要见宠姐，宁王令设七宝花障，让宠姐在障后清歌一曲。

光孟祖之狗窦堪呼：据《晋书》记载，光孟祖拜访胡毋辅之等朋友，门人不让他进，他就在狗洞旁大叫，胡毋辅之知道，邀其进去喝酒。

9.29 古人养笔。以硫黄酒；养纸，以芙蓉粉；养砚，以文绫盖；养墨，以豹皮囊。小斋何暇及此！惟有时书以养笔，时磨以养墨，时洗以养砚，时舒卷以养纸。

9.30 芭蕉近日则易枯，迎风则易破。小院背阴，半掩竹窗，分外青翠。

9.31 欧公香饼，吾其熟火无烟；颜氏隐囊，我则斗花以布。

［解读］ 隐囊：南北朝时叫靠垫为“隐囊”。《颜氏家训》云：“梁朝全盛之时，贵游子弟驾长檐车，跟高齿屐，坐棋子方褥，凭班丝隐囊。”

9.32 梅额生香，已堪饮爵；草堂飞雪，更可题诗。七种之羹，呼起袁生之卧；六花之饼，敢迎王子之舟。豪饮竟日，赋诗而散。佳人半醉，美女新妆。月下弹瑟，石边侍酒。烹雪之茶，果然剩有寒乔；争春之馆，自是堪来花叹。

［解读］ 梅额生香：传说南朝宋武帝之女寿阳公主，卧于宫中，梅花落于额，成五出之花，拂之不去，世称梅花妆。

袁生之卧：说袁安卧雪之事。东汉袁安，时居洛阳，遇下大雪，人出去寻食品，他则独卧家中。

王子之舟：说雪夜访戴之事。

9.33 黄鸟让其声歌，青山学其眉黛。

9.34 浅翠娇青，笼烟惹湿。清可漱齿，曲可流觞。

9.35 风开柳眼，露浥桃腮，黄鹂呼春，青鸟送雨，海棠嫩紫，芍药嫣红，宜其春也。碧荷铸钱，绿柳缫丝，龙孙脱壳，鸠妇唤晴，雨骤黄梅，日蒸绿李，宜其夏也。槐阴未断，雁信初来，秋英无言，晓露欲结，蓐收避席，青女办妆，宜其秋也。桂子风高，芦花月老，溪毛碧瘦，山骨苍寒，千岩见梅，一雪欲腊，宜其冬也。

9.36 风翻贝叶，绝胜北阙除书；水滴莲花，何似华清宫漏。

9.37 画屋曲房，拥炉列坐；鞭车行酒，分队征歌；一笑千金，樗蒲百万；名妓持签，玉儿捧砚；淋漓挥洒，水月流虹；我醉欲眠，鼠奔鸟窜；罗襦轻解，鼻息如雷。此一境界，亦足赏心。

9.38 柳花燕子，贴地欲飞；画扇练裙，避人欲进，此春游第一风光也。

9.39 花颜缥缈，欺树里之春风；银焰荧煌，却城头之晓色。

9.40 乌纱帽挟红袖登山，前人自多风致。

9.41 笔阵生云，词锋卷雾。

9.42 楚江巫峡半云雨，清簟疏帘看弈棋。

9.43 美丰仪人，如三春新柳，濯濯风前。

［解读］ 晋人好品评人物，评人物时重气象，那时人们推重的才气，不仅指知识渊博，学殖深厚，更对人的气质、识见、风度表现出深深的赞美之情，非常重视人的气象。如有人评论王忱说："故自濯濯。"当时人评论晋简文帝说："轩轩若朝霞举。"有人评论王恭："濯濯如春月柳。"

9.44 涧险无平石，山深足细泉。短松犹百尺，少鹤已千年。

[解读] 此出自南朝庾信《奉和赵王隐士》诗。

9.45 清文满箧，非惟芍药之花；新制连篇，宁止葡萄之树。

9.46 梅花舒两岁之装，柏叶泛三光之酒。飘飖余雪，入箫管以成歌；皎洁轻冰，对蟾光而写镜。

[解读] 蟾光：月光。

9.47 鹤有累心犹被斥，梅无高韵也遭删。

9.48 分果车中，毕竟借人家面孔；捉刀床侧，终须露自己心胸。雪滚飞花，缭绕歌楼，飘扑僧舍。点点共酒旆悠扬，阵阵追燕莺飞舞。沾泥逐水，岂特可入诗料；要知色身幻影，是即风里杨花、浮生燕垒。

9.49 水绿霞红处，仙犬忽惊人，吠入桃花去。

9.50 九重仙诏，休教丹凤衔来；一片野心，已被白云留住。

9.51 香吹梅渚千峰雪，清映冰壶百尺帘。

[解读] 此出自明汤显祖《送徐司理金华，司理时以县属相戏及之》诗。

9.52 避客偶然抛竹屦，邀僧时一上花船。

［解读］ 此出自明袁宏道《梦中得诗醒记中二联足成之》诗。

9.53 到来都是泪，过去即成尘。秋色生鸿雁，江声冷白蘋。

［解读］ 此出自汤显祖《送古萍归百丈山》诗。

9.54 斗草春风，才子愁销书带翠；采菱秋水，佳人疑动镜花香。

［解读］ 斗草：唐宋时流行的一种游戏，晏殊词云："疑怪昨宵春梦好，却是今朝斗草赢，笑从双脸生。"

9.55 竹粉映琅玕之碧，胜新妆流媚，曾无掩面于花宫；花珠凝翡翠之盘，虽什袭非珍，可免探颔于龙藏。

［解读］ 琅玕：竹子的代称。

9.56 因花整帽，借柳维船。

9.57 绕梦落花消雨色，一尊芳草送晴曛。

［解读］ 此出自汤显祖《永嘉送客游金陵便谒王恒叔参政济南》诗。

9.58 争春开宴，罢来花有叹声；水国谈经，听去鱼多乐意。

9.59 无端泪下，三夏山月老猿啼；蓦地娇来，一月泥香新燕语。燕子刚来，春光惹恨；雁臣甫聚，秋思惨人。

9.60 韩嫣金弹，误了饥寒人多少奔驰；潘岳果车，增了少年人多少颜色。

[解读] “韩嫣金弹”句：据《西京杂记》卷四记载，韩嫣好弹，常以金为丸，所失者日有十余。长安为之语曰：“苦饥寒，逐弹丸。”京师儿童每闻嫣出弹，辄随之，望丸所落辄拾焉。

晋潘岳美姿容，每次他的车子从街道上经过，无数女子向车子上投花，一趟下来，车上的花就堆满了。

9.61 微风醒酒，好雨催诗，生韵生情，怀颇不恶。

9.62 苎萝村里，对娇歌艳舞之山；若耶溪边，拂浓抹淡妆之水。春归何处，街头愁杀卖花；客落他乡，河畔生憎折柳。

[解读] 苎罗村里：传西施出生在苎萝村。

9.63 论到高华，但说黄金能结客；看来薄命，非关红袖懒撩人。

9.64 同气之求，惟刺平原于锦绣；同声之应，徒铸子期以黄金。

[解读] 此条分别说平原君和钟子期事。

9.65 胸中不平之气，说倩山禽；世上叵测之机，藏之烟柳。

[解读] 倩：请。

9.66 袪长夜之恶魔，女郎说剑；销千秋之热血，学士谈禅。

9.67 论声之韵者，曰溪声、涧声、竹声、松声、山禽声、幽壑声、芭蕉雨声、落花声，皆天地之清籁，诗坛之鼓吹也。然销魂之听，当以卖花声为第一。

9.68 石上酒花，几片湿云凝夜色；松间人语，数声宿鸟动朝喧。媚字极韵，但出以清致，则窈窕但见风神；附以妖娆，则做作毕露丑态。如芙蓉媚秋水，绿筱媚清涟，方不着迹。

9.69 武士无刀兵气，书生无寒酸气，女郎无脂粉气，山人无烟霞气，僧家无香火气。换出一番世界，便为世上不可少之人。

9.70 情词之娴美，《西厢》以后，无如《玉合》《紫钗》《牡丹亭》三传。置之案头，可以挽文思之枯涩，收神情之懒散。

9.71 俊石贵有画意，老树贵有禅意，韵士贵有酒意，美人贵有诗意。

9.72 红颜未老，早随桃李嫁春风；黄卷将残，莫向桑榆怜暮景。销魂之音，丝竹不如著肉。然而风月山水间，别有清魂销于清响，即子晋之笙，湘灵之瑟，董双成之云璈，犹属下乘。娇歌艳曲，不益混乱耳根。

9.73 风惊蟋蟀，闻织妇之鸣机；月满蟾蜍，见天河之弄杼。

9.74 高僧筒里送信，突地天花坠落；韵妓扇头寄画，隔江山雨飞来。酒有难悬之色，花有独蕴之香。以此想红颜媚骨，便可得之格外。

9.75 容斋使令，翔七宝妆，理茶具，响松风于蟹眼，浮雪花于兔毫。

9.76 每到日中重掠鬓，钗衣骑马试宫廊。

[解读] 唐王建《宫词》一百首，其中一首云：“药童食后送云浆，高殿无风扇少凉。每到日中重掠鬓，衩衣骑马绕宫廊。”

9.77 绝世风流，当场豪举。世路既如此，但有肝胆向人；清议可奈何，曾无口舌造业。

9.78 花抽珠渐落，珠悬花更生。风来香转散，风度焰还轻。

9.79 莹以玉琇，饰以金英。绿芰悬插，红蕖倒生。

9.80 浮沧海兮气浑，映青山兮色乱。

9.81 纷黄庭之霍霏，隐重廊之窈窕。青陆至而莺啼，朱阳升而花笑。

[解读] 霍霏：急速的样子。

9.82 紫蒂红蕤，玉蕊苍枝。

9.83 视莲潭之变彩，见松院之生凉；引惊蝉于宝瑟，宿兰燕于瑶筐。

9.84 蒲团布衲，难于少时存老去之禅心；王剑角弓，贵于老时任少年之侠气。

卷十 集豪

今世矩视尺步之辈，与夫守株待兔之流，是不束缚而阱者也。宇宙寥寥，求一豪者，安得哉？家徒四壁，一掷千金，豪之胆；兴酣落笔，泼墨千言，豪之才；我才必用，黄金复来，豪之识。夫豪既不可得，而后世倜傥之士，或以一言一字写其不平，又安与沉沉故纸同为销没乎！集豪第十。

10.1 桃花马上，春衫少年侠气；贝叶斋中，夜衲老去禅心。

[解读] 贝叶斋：僧人修炼的斋室。

10.2 岳色江声，富煞胸中丘壑；松阴花影，争残局上山河。

[解读] “胸中丘壑”是明代书画家普遍推崇的一种境界，无论是作画还是写字，都要出自本心，有自然的底蕴。

10.3 骥虽伏枥，足能千里；鹄即垂翅，志在九霄。

10.4 个个题诗，写不尽千秋花月；人人作画，描不完大地江山。

10.5 慷慨之气，龙泉知我；忧煎之思，毛颖解人。

[解读] 龙泉：剑名。

毛颖：毛笔的代称。

10.6 不能用世而故为玩世，只恐遇着真英雄；不能经世而故为欺世，只好对着假豪杰。

10.7 绿酒但倾，何妨易醉；黄金既散，何论复来。

10.8 诗酒兴将残，剩却楼头几明月；登临情不已，平分江上半青山。

10.9 闲行消白日，悬李贺呕字之囊；搔首问青天，携谢朓惊人之句。

10.10 假英雄专吷不鸣之剑，若尔锋芒，遇真人而落胆；穷豪杰惯作无米之炊，此等作用，当大计而扬眉。

［解读］ 吷（xuè）：微小的声音。

10.11 深居远俗，尚愁移山有文；纵饮达旦，犹笑醉乡无记。

10.12 风会日靡，试具宋广平之石肠；世道莫容，请收姜伯约之大胆。

［解读］ 宋广平：宋璟，字广平。唐玄宗时丞相。皮日休说："宋广平铁心石肠，乃作梅赋，有徐、庾风格。予谓梅花高绝，非广平一等人物不足以赋咏。"

姜伯约：姜维，字伯约，三国时汉名将。诸葛亮说："姜伯约甚敏于军事，既有胆义，深解兵意。”

10.13 藜床半穿，管宁真吾师乎；轩冕必顾，华歆洵非友也。

［解读］ 《世说新语·德行》：“管宁、华歆共园中锄菜，见地有片金，管挥锄与瓦石不异，华捉而掷去之。又尝同席读书，有乘轩冕过门者，宁读如故，歆废书出看，宁割席分坐，曰：‘子非吾友也！’”

10.14 车尘马足之下，露出丑形；深山穷谷之中，剩些真影。

10.15 吐虹霓之气者，贵挟风霜之色；依日月之光者，毋怀雨露之私。

10.16 清襟凝远，卷秋江万顷之波；妙笔纵横，挽昆仑一峰之秀。

10.17 闻鸡起舞，刘琨其壮士之雄心乎；闻筝起舞，迦叶其开士之素心乎？

［解读］ “闻筝起舞”句：迦叶为佛祖的大徒弟，一次在法会上，一人弹筝，迦叶旋即起舞。

10.18 友遍天下英杰之士，读尽人间未见之书。

10.19 读书倦时须看剑，英发之气不磨；作文苦际可歌诗，郁结之怀随畅。

10.20 交友须带三分侠气，作人要存一点素心。

10.21 栖守道德者，寂寞一时；依阿权变者，凄凉万古。

［解读］ 又见《菜根谭》。

10.22 深山穷谷，能老经济才猷；绝壑断崖，难隐灵文奇字。

10.23 王门之杂吹非竽，梦连魏阙；郢路之飞声无调，羞向楚囚。

10.24 献策金门苦未收，归心日夜水东流。扁舟载得愁千斛，闻说君王不税愁。

10.25 世事不堪评，掩卷神游千古上；尘氛应可却，闭门心在万山中。

10.26 负心满天地，辜他一片热肠；恋态自古今，悬此两只冷眼。

10.27 龙津一剑，尚作合于风雷。胸中数万甲兵，宁终老于牖下。此中空洞原无物，何止容卿数百人。

10.28 英雄未转之雄图，假糟丘为霸业；风流不尽之余韵，托花谷为深山。

10.29 红润口脂，花蕊乍过微雨；翠匀眉黛，柳条徐拂轻风。

10.30 满腹有文难骂鬼，措身无地反忧天。

10.31 大丈夫居世，生当封侯，死当庙食。不然，闲居可以养志，诗书足以自娱。

10.32 不恨我不见古人，惟恨古人不见我。

[解读] 南朝张融有“不恨臣无二王法，恨二王无臣法”，与此同调。

10.33 荣枯得丧，天意安排，浮云过太虚也；用舍行藏，吾心镇定，砥柱在中流乎？

10.34 曹曾积石为仓以藏书，名曹氏石仓。

[解读] 曹曾：东汉时谏议大夫，嗜读书。

10.35 丈夫须有远图，眼孔如轮，可怪处堂燕雀；豪杰宁无壮志，风棱似铁，不忧当道豺狼。

10.36 云长香火，千载遍于华夷；坡老姓字，至今口于妇孺。意气精神，不可磨灭。

[解读] 云长：关羽。

坡老：苏轼。

10.37 据床嗒尔，听豪士之谈锋；把盏惺然，看酒人之醉态。

[解读] 嗒尔：默然不语。

10.38 登高眺远，吊古寻幽。广胸中之丘壑，游物外之文章。

10.39 雪霁清境，发于梦想。此间但有荒山大江，修竹古木。

10.40 每饮村酒后，曳杖放脚，不知远近，亦旷然天真。

10.41 须眉之士，在世宁使乡里小儿怒骂，不当使乡里小儿见怜。

10.42 胡宗宪读《汉书》，至终军请缨事，乃起拍案曰："男儿双脚当从此处插入，其他皆狼藉耳！"

[解读] 胡宗宪，字汝贞，号梅林。明抗倭将军，曾任浙直总督。终军，汉代著名将领，二十多岁时，出使南越，上书请赐长缨，说要缚南越王回来。

10.43 宋海翁才高嗜酒，睥睨当世。忽乘醉泛舟海上，仰天大笑，曰："吾七尺之躯，岂世间凡土所能贮？合以大海葬之耳！"遂按波而入。

[解读] 宋海翁：宋登春，字应元，号海翁。明人，性狂狷。

10.44 王仲祖有好形仪，每览镜自照，曰："王文开那生宁馨儿？"

［解读］ 王仲祖：王濛，字仲祖，东晋时官至司徒左长史。王文开，乃仲祖父，名讷。

10.45 毛澄七岁善属对，诸喜之者赠以金钱，归掷之曰："吾犹薄苏秦斗大，安事此邓通靡靡！"

［解读］ 毛澄：字宪清，明人，官至礼部尚书。

10.46 梁公实荐一士于李于麟，士欲以谢梁，曰："吾有长生术，不惜为公授。"梁曰："吾名在天地间，只恐盛着不了，安用长生！"

10.47 吴正子穷居一室，门环流水，跨木而渡，渡毕即抽之。人问故，笑曰："土舟浅小，恐不胜富贵人来踏耳！"

10.48 吾有目有足，山川风月，吾所能到，我便是山川风月主人。大丈夫当雄飞，安能雌伏？

10.49 青莲登华山落雁峰，曰："呼吸之气，想通帝座。恨不携谢朓惊人之诗来搔首问青天耳！"

［解读］ 青莲：李白。

10.50 志欲枭逆虏，枕戈待旦，常恐祖生先我着鞭。

10.51 旨言不显，经济多托之工瞽刍荛；高踪不落，英雄常混之渔樵耕牧。

10.52 高言成啸虎之风，豪举破涌山之浪。

10.53 立言者未必即成千古之业，吾取其有千古之心；好客者未必即尽四海之交，吾取其有四海之愿。

10.54 管城子无食肉相，世人皮相何为；孔方兄有绝交书，今日盟交安在？

［解读］ 管城子：毛笔的代称。

10.55 襟怀贵疏朗，不宜太逞豪华；文字要雄奇，不宜故求寂寞。

10.56 悬榻待贤士，岂曰交情已乎；投辖留好宾，不过酒兴而已。才以气雄，品由心定。

10.57 为文而欲一世之文好，吾悲其为文；为人而欲一世之人好，吾悲其为人。

10.58 济笔海则为舟航，骋文囿则为羽翼。

10.59 胸中无三万卷书，眼中无天下奇山川，未必能文。纵能，亦无豪杰语耳。

10.60 山厨失斧，断之以剑。客至无枕，解琴自供。盥盆溃散，磬为注洗。盖不暖足，覆之以蓑。

10.61 孟宗少游学，其母制十二幅被，以招贤士共卧，庶得闻君子之言。

［解读］ 《列女后传》："江夏孟宗少游学，与同学共处，母为作十二幅被，其邻妇怪问之，母曰：少儿无异操，惧明类之不顾，大其被以招贫生之卧，庶闻君子之言耳。"

10.62 张烟雾于海际，耀光景于河渚；乘天梁而皓荡，叩帝阍而延伫。

10.63 声誉可尽，江天不可尽；丹青可穷，山色不可穷。

10.64 闻秋空鹤唳，令人逸骨仙仙；看海上龙腾，觉我壮心勃勃。

10.65 明月在天，秋声在树，珠箔卷啸倚高楼；苍苔在地，春酒在壶，玉山颓醉眠芳草。

10.66 胸中自是奇，乘风破浪，平吞万顷苍茫；脚底由来阔，历险穷幽，飞度千寻香霭。

10.67 松风涧雨，九霄外声闻环珮，清我吟魂；海市蜃楼，万水中一幅画图，供吾醉眼。

10.68 每从白门归，见江山逶迤，草木苍郁。人常言佳，我觉是别离人肠中一段酸楚气耳。

10.69 人每谀余腕中有鬼，余谓："鬼自无端入吾腕中，吾腕中未尝有鬼也。"人每责余目中无人，余谓："人自不屑入吾目中，吾目中未尝无人也。"

10.70 天下无不虚之山，惟虚故高而易峻；天下无不实之水，惟实故流而不竭。

10.71 放不出憎人面孔，落在酒杯；丢不下怜世心肠，寄之诗句。春到十千美酒，为花洗妆；夜来一片名香，与月薰魄。

10.72 忍到熟处则忧患消，淡到真时则天地赘。

10.73 醺醺熟读《离骚》，孝伯外敢曰并皆名士；碌碌常承色笑，阿奴辈果然尽是佳儿。

[解读] 孝伯：晋王恭，字孝伯。尝言："名士不必奇才，但使常得无事，痛饮酒，熟读《离骚》，便可称名士。"

阿奴：周谟，晋名士，小字阿奴。与周嵩、周顗（字伯仁）为兄弟，冬至日，其母赐酒，周嵩长跪而哭道："不如阿母言，伯仁为人志大而才短，名重而识闇，好乘人之弊，此非自全之道。嵩性狼抗，亦不容于世，唯阿奴碌碌，当在阿母目下耳。"

10.74 剑雄万敌，笔扫千军。

10.75 飞禽铩翮，犹爱惜乎羽毛；志士捐生，终不忘乎老骥。

10.76 敢于世上放开眼，不向人间浪皱眉。

10.77 缥缈孤鸿，影来窗际；开户从之，明月入怀。花枝零乱，朗吟枫落吴江之句，令人凄绝。

10.78 云破月窥花好处，夜深花睡月明中。

10.79 三春花鸟犹堪赏，千古文章只自知。文章自是堪千古，花鸟三春只几时。

10.80 士大夫胸中无三斗墨，何以运管城？然恐蕴酿宿陈，出之无光泽耳。

10.81 攫金于市者，见金而不见人；剖身藏珠者，爱珠而忘自爱。与夫决性命以饕富贵、纵嗜欲以戕生者何异？

10.82 说不尽山水好景，但付沉吟；当不起世态炎凉，惟有闭户。

10.83 杀得人者，方能生人。有恩者，必然有怨。若使不阴不阳，随世披靡，肉菩萨出世，于世何补？此生何用？

10.84 李太白云："天生我才必有用，黄金散尽还复来。"杜少陵云："一生性僻耽佳句，语不惊人死不休。"豪杰不可不解此语。

10.85 天下固有父兄不能囿之豪杰，必无师友不可化之愚蒙。谐友于天伦之外，元章呼石为兄；奔走于世途之中，庄生喻尘以马。

［解读］ 元章：米芾，字元章。

庄子说："野马也，尘埃也。"

10.86 词人半肩行李，收拾秋水春云；深宫一世梳妆，恼乱晚花新柳。

10.87 得意不必人知，兴来书自圣；纵口何关世议，醉后语犹颠。

10.88 英雄尚不肯以一身受天公之颠倒，吾辈奈何以一身受世人之提掇？是堪指发，未可低眉。

10.89 能为世必不可少之人，能为人必不可及之事，则庶几此生不虚。

10.90 儿女情，英雄气，并行不悖；或柔肠，或侠骨，总是吾徒。

［解读］ 有人评晋张华："风云气少，儿女情多。"然清龚自珍云："兼得于亦剑亦箫之美"。

10.91 上马横槊，下马作赋，自是英雄本色；熟读《离骚》，痛饮浊酒，果然名士风流。

10.92 诗狂空古今，酒狂空天地。

10.93 处世当于热地思冷，出世当于冷地求热。

10.94 我辈腹中之气，亦不可少，要不必用耳。若蜜口，真妇人事哉。

10.95 办大事者，匪独以意气胜，盖亦其智略绝也。故负气雄行，力足以折公侯；出奇制算，事足以骇耳目。如此人者，俱千古矣。嗟嗟！今世徒虚语耳。

10.96 说剑谈兵，今生恨少封侯骨；登高对酒，此日休吟烈士歌。

［解读］ 登高对酒，此日休吟烈士歌，指曹操“烈士暮年，壮心不已”诗句。

10.97 身许为知己死一剑，夷门到今侠骨香仍古；腰不为督邮折五斗，彭泽从古高风清至今。

10.98 剑击秋风，四壁如闻鬼啸；琴弹夜月，空山引动猿号。

10.99 壮志愤懑难消，高人情深一往。

10.100 先达笑弹冠，休向侯门轻曳裾；相知犹按剑，莫从世路暗投珠。

卷十一　集法

自方袍幅巾之态遍满天下，而超脱颖绝之士，遂以同污合流矫之，而世道已不古矣。夫迂腐者既泥于法，而超脱者又越于法，然则士君子亦不偏不倚，期无所泥越则已矣，何必方袍幅巾，作此迂态耶！集法第十一。

11.1　世无乏才之世，以通天达地之精神而辅之。以拔十得五之法眼，一心可以交万友，二心不可以交一友。

11.2　凡事留不尽之意则机圆，凡物留不尽之意则用裕，凡情留不尽之意则味深，凡言留不尽之意则致远，凡兴留不尽之意则趣多，凡才留不尽之意则神满。

[解读]　这一条说“不尽意”的重要性，为人要有含蓄之心，做事要有余地，说话不能说得太满，写文章要有象外之象的韵味，要含不尽之意如在言外，直露无遗，必然缺少感染力。

11.3　有世法，有世缘，有世情。缘非情，则易断；情非法，则易流。

[解读]　法是规矩，缘是某种际遇，而情是人与人之间理解、吸引、体谅等关系所形成的心理形式，法、缘、情三者之间各有不同，但又深相关联。萍水相逢是缘，若无情的支撑，此缘便是苍白的，也不会长久。人与人之间相处情深，然而必须遵守基本规则，否则此情则会发展为滥情，必然会害人也害己。

11.4 世多理所难必之事，莫执宋人道学；世多情所难通之事，莫说晋人风流。

11.5 与其以衣冠误国，不若以布衣关世；与其以林下而矜冠裳，不若以廊庙而标泉石。

[解读] 廊庙而标泉石：在官场而思念山林。

11.6 眼界愈大，心肠愈小；地位愈高，举止愈卑。

[解读] 昨夜西风凋碧树，独上高楼，望尽天涯路。眼界宽、格局大的人，心肠要细要软，要知道体谅人、关心人，这样才有真正的成就。居于高位者，要有谦卑的心情，这样你的德行才能与位置相称。

11.7 少年人要心忙，忙则摄浮气；老年人要心闲，闲则乐余年。晋人清谈，宋人理学。以晋人遣俗，以宋人禔躬，合之双美，分之两伤也。

11.8 莫行心上过不去事，莫存事上行不去心。

11.9 忙处事为，常向闲中先检点；动时念想，预从静里密操持。青天白日处节义，自暗室屋漏处培来；旋乾转坤的经纶，自临深履薄处操出。

[解读] 这一条说儒家“慎独”的道理，人的外在行为来自于内在的修养，修养不够，徒有外在形式，不可能成就有意义的人生。儒家强调，君子人格需要有如履薄冰、如临深渊的精神，时时处处注意自己的德行培植，方能有无愧的人生。

11.10 以积货财之心积学问，以求功名之念求道德，以爱子女之心爱父母，以保爵位之策保国家。

11.11 才智英敏者，宜以学问摄其躁；气节激昂者，当以德性融其偏。

11.12 何以下达，惟有饰非；何以上达，无如改过。

[解读] 孔子说："君子上达，小人下达。"在孔子看来，自立是一种选择，人能弘道，非道弘人。道不远人，但大道自在，人如果无弘道之心愿，则与道失之交臂。在先贤的人格境界中，生命就是一种不断向上提升的过程，道心惟微，人心惟危。人的自立，不是立于一地，就能保有此功，如果不能时时保持自警向上之心，生命就会坠落，人所自立的根基就会崩塌。生命不是向上，就是坠落。如逆水行舟，不进则退。就像佛学所说的，人来到这个世界，必然有所染，或净染，或污染，人在世界上，如同与一种不明的力量在拔河。生命必须保持警醒的力量。

11.13 一点不忍的念头，是生民生物之根芽；一段不为的气象，是撑天撑地之柱石。

11.14 君子对青天而惧，闻雷霆而不惊；履平地而恐，涉风波而不疑。

[解读] 畏惧天地的人，注重自己的内在修养，能够处道而不惊。注意平时的一切，戒慎自己的言行，能够遇危难之事而勇敢向前。

11.15 不可乘喜而轻诺，不可因醉而生嗔；不可乘快而多事，不可因倦而鲜终。

[解读] 这一条说几件平时的修为，人高兴的时候得意忘形，往

往会轻易答应事情；人有醉态的时候，常常会动怒，失去自己的内在平衡。动作麻利的时候，多事会带来忧虑。自己疲倦的时候，不能善始善终，虎头蛇尾，这样的现象也是常会出现的。

11.16 意防虑如拨，口防言如遏，身防染如夺，行防过如割。

[解读] 这一条说修身的几条原则，胡思乱想，随意言语，随波逐流，肆意妄为，等等，这样的状况终究会给人带来极大的伤害，必须坚决地杜绝。

11.17 白沙在泥，与之俱黑，渐染之习久矣；他山之石，可以攻玉，切磋之力大焉。

[解读] 儒家追求自己性灵清净，涅而不淄，染也染不黑，身正心正就不畏惧外在的侵凌。人要有开放的心灵，虚怀若谷。《小雅·鹤鸣》说："鹤鸣于九皋，声闻于野。鱼潜在渊，或在于渚。乐彼之园，爰有树檀，其下维萚。他山之石，可以为错。鹤鸣于九皋，声闻于天。鱼在于渚，或潜在渊。乐彼之园，爰有树檀，其下维榖。他山之石，可以攻玉。"

11.18 后生辈胸中，落意气两字，有以趣胜者，有以味胜者。然宁饶于味，而无饶于趣。

[解读] 此为明末评画者常道之语。

11.19 芳树不用买，韶光贫可支。

11.20 寡思虑以养神，剪欲色以养精，靖言语以养气。

[解读] 靖言语：意思是慎言。这是儒家特别强调的思想。

11.21 立身高一步方超达，处世退一步方安乐。

11.22 士君子贫不能济物者，遇人痴迷处，出一言提醒之，遇人急难处，出一言解救之，亦是无量功德。

[**解读**] 君子之德行，时时处处严格要求自己，有即之也温的心灵，勿以善小而不为，给别人的一点温暖，都是无上的德行。

11.23 救既败之事者，如驭临崖之马，休轻策一鞭；图垂成之功者，如挽上滩之舟，莫少停一棹。

[**解读**] 事将败时，不以大力气救之难以奏效；做事要成功，必须持之以恒，不能半途而废。

11.24 是非邪正之交，少迁就则失从违之正；利害得失之会，太分明则起趋避之私。

[**解读**] 前一句说对待是非的问题，虽然说不能迁就，但也不能不注意时机和方法。后一句说，人面对利害得失的时机，过分撇清，反而容易产生不好的结果。这一条说做人虽然要超越目的、坚持原则，但不能过分，要有 -定的回旋余地。

11.25 事系幽隐，要思回护他，着不得一点攻讦的念头；人属寒微，要思矜礼他，着不得一毫傲睨的气象。

[**解读**] 对待别人隐秘的事情，要有理解的心，尊重别人的隐私。对待地位比较低的人，要尊重他，不能以傲慢之礼待之。

攻讦（jié）：攻击。

11.26 毋以小嫌而疏至戚，勿以新怨而忘旧恩。

[解读]　这一条说待人也要从大的方面去看，不要因为人家有一点过错，就失却对别人的敬重；不要因为有一点不愉快的事情，就将人家对自己的大恩大德忘记得一干二净。

11.27　礼义廉耻，可以律己，不可以绳人。律己则寡过，绳人则寡合。

11.28　凡事韬晦，不独益己，抑且益人；凡事表暴，不独损人，抑且损己。

[解读]　这一条前一句说要有韬光养晦的智慧，为人不能过于直露，更不能腹中草莽而招摇过市。后一句说人要有柔软的身段，性格刚暴，对人刻薄，终究会损人害己。

11.29　觉人之诈，不形于言；受人之侮，不动于色。此中有无穷意味，亦有无穷受用。

[解读]　结党营私之人，必有欺诈之心，知之而多防，不形之于色。受到别人的侮辱，率然反击，往往受到更大的伤害，隐忍而不动声色。这对于正常的人来说是很难做到的，若能做到，一定会有大前途。

11.30　爵位不宜太盛，太盛则危；能事不宜尽毕，尽毕则衰。

[解读]　凡事不能太过，古人所谓峣峣者易折，皎皎者易污是也。

11.31　遇故旧之交，意气要愈新；处隐微之事，心迹宜愈显；待衰朽之人，恩礼要愈隆。

11.32　用人不宜刻，刻则思效者去；交友不宜滥，滥则贡谀者来。

［解读］　贡：骄横。谀：阿谀。

11.33　忧勤是美德，太苦则无以适性怡情；淡泊是高风，太枯则无以济人利物。

［解读］　为人不能太勤苦，太勤苦则伤平和之神，心志散乱，会带来不利结果。澹泊为人当然是好的，但也不能过分。古人对此有很深认识。如禅宗所说，如果一味“休去，歇去，冷湫湫地去，一念万年去，寒灰枯木去，古庙香炉去，一条白练去”，是不悟大道的做法。

11.34　作人要脱俗，不可存一矫俗之心；应世要随时，不可起一趋时之念。

［解读］　人要有脱俗之人，但不是离开世俗，离开普通的生活。人要应时而变，但不能随波逐流，颠倒东西。

11.35　富贵之家，常有穷亲戚往来，便是忠厚。

11.36　从师延名士，鲜垂教之实益；为徒攀高第，少受诲之真心。男子有德便是才，女子无才便是德。

［解读］　这一条的后两句，是封建的陈旧观念，必须弃之。

11.37　病中之趣味，不可不尝；穷途之景界，不可不历。

11.38　才人国士，既负不群之才，定负不羁之行，是以才稍压众则忌心生，行稍违时则侧目至。死后声名，空誉墓中之骸骨；穷途潦倒，谁怜宫外之蛾眉。

11.39 贵人之交贫士也，骄色易露；贫士之交贵人也，傲骨当存。君子处身，宁人负己，己无负人；小人处事，宁己负人，无人负己。

[解读] 此一段论述综《论语》之言。

11.40 砚神曰淬妃，墨神曰回氏，纸神曰尚卿，笔神曰昌化，又曰佩阿。

11.41 要治世，半部《论语》；要出世，一卷《南华》。

[解读] 这一条在古代几乎成为很多人的座右铭。半部《论语》治天下，这里讲的多是正心诚意的道理。一卷《庄子》超人天，这里多说的是齐同万物、忘己忘物的情怀。

11.42 祸莫大于纵己之欲，恶莫大于言人之非。

11.43 求见知于人世易，求真知于自己难；求粉饰于耳目易，求无愧于隐微难。

[解读] 人其实最难理解的是自己，很多人整天在争斗、角逐中打圈圈，最终都不知道自己到底要什么，内在世界幽暗的冲动正在消损着人的生命因素。

11.44 圣人之言，须常将来眼头过、口头转、心头运。

11.45 与其巧持于末，不若拙戒于初。

[解读] 这一条说大巧若拙的道理。道家大巧若拙的哲学表述，将人为与天工两种截然不同的创造状态呈现于人们面前，前者是机心的，后者是自然的；前者是知识的，后者是非知识的；前者是破坏生命的，

后者是养生的；前者是造作的，后者是素朴的；前者以人为徒，后者以天为徒；前者是低俗的欲望呈露，后者是高逸的超越情怀。大巧若拙，就是选择天工，而超越人为。拙，从本体上说，它就是道；从心灵境界上说，它是浑全而无分别；从创造方式上说，它是天工开物。

11.46 君子有三惜：此生不学，一可惜；此日闲过，二可惜；此身一败，三可惜。

11.47 昼观诸妻子，夜卜诸梦寐。两者无愧，始可言学。

11.48 士大夫三日不读书，则礼义不交，便觉面目可憎，语言无味。

11.49 与其密面交，不若亲谅友；与其施新恩，不若还旧债。

［解读］ 交友之道，中国人讲友直、友谅、友多闻，也就是朋友之间要真诚相待、多所谅解，而且交友能够增加见识。

11.50 士人当使王公闻名多而识面少，宁使王公讶其不来，毋使王公厌其不去。

11.51 见人有得意事，便当生忻喜心；见人有失意事，便当生怜悯心：皆自己真实受用处。忌成乐败，徒自坏心术耳。

［解读］ 这一条其实讲的是待人真诚的道理，忌成乐败，最是恶毒心理，其实这也是断送自己之道。

11.52 恩重难酬，名高难称。

11.53 待客之礼，当存古意，止一鸡一黍，酒数行，食饭而罢。以此为法。

11.54 处心不可著，著则偏；作事不可尽，尽则穷。

11.55 士人所贵，节行为大。轩冕失之，有时而复来；节行失之，终身不可得矣。

11.56 势不可倚尽，言不可道尽，福不可享尽，事不可处尽，意味偏长。

11.57 静坐然后知平日之气浮，守默然后知平日之言躁，省事然后知平日费闲，闭户然后知平日之交滥，寡欲然后知平日之病多，近情然后知平日之念刻。

[解读] 这一条讲人心静、净的道理。

11.58 喜时之言多失信，怒时之言多失体。

11.59 泛交则多费，多费则多营，多营则多求，多求则多辱。

11.60 一字不可轻与人，一言不可轻语人，一笑不可轻假人。

11.61 正以处心，廉以律己，忠以事君，恭以事长，信以接物，宽以待下，敬以治事，此居官之七要也。

11.62 圣人成大事业者，从战战兢兢之小心来。

［解读］ 《诗经》中说：“不敢暴虎，不敢冯河。人知其一，莫知其他。战战兢兢，如临深渊，如履薄冰”（《小雅·小旻》），是后世儒家推崇的重要思想。不敢贸然去徒手与老虎搏斗，不敢跳下深不可测的河流，这样的道理人们都知道，但有比这更危险的事却容易被忽视，这就是人的内在世界，这个世界其实是时时藏着危险的，莫见乎隐，莫知乎微，人的内心有一种相反的力量在积聚，有一种不利于大道的东西在潜滋暗长，所以，人不能不存“戒惧”之心，时时注意品格的修炼。所谓君子终日乾乾，就是这个道理。

11.63 酒入舌出，舌出言失，言失身弃。余以为弃身不如弃酒。

［解读］ 这一条说戒酒，酒可生豪气，也可带来祸殃。

11.64 青天白日，和风庆云，不特人多喜色，即鸟鹊且有好音。若暴风怒雨，疾雷掣电，鸟亦投林，人皆闭户。故君子以太和元气为主。

［解读］ 即之也温，是儒家哲学的重要坚持。《诗经·大雅·抑》上说：“荏染柔木，言缗之丝。温温恭人，维德之基。”这是中国人的座右铭。

11.65 胸中落“意气”两字，则交游定不得力；落“骚雅”二字，则读书定不得深心。

［解读］ 这一条说到读书不能落于故弄风雅，中国哲学认为，知识是为了修心的，而不是为了卖弄。孔子说：“古之学者为己，今之学者

为人。”说的正是这个道理。

11.66 交友之先宜察，交友之后宜信。

［解读］ 察在辨，不能乱交朋友，滥交朋友。信在诚，对待朋友要以诚意相待。这是君子为人之道。

11.67 惟俭可以助廉，惟恕可以成德。

11.68 惟书不问贵贱贫富老少，观书一卷，则有一卷之益；观书一日，则有一日之益。

11.69 坦易其心胸，率真其笑语，疏野其礼数，简少其交游。

［解读］ 坦易：平和简易。疏野其礼数，并非说不要礼数，而是说不能虚与委蛇，当礼节只剩下外在的程式时，这样的礼节将会贻害于人。

11.70 好丑不可太明，议论不可务尽，情势不可殚竭，好恶不可骤施。

［解读］ 好丑：美丑，古人或称妍媸。

11.71 不风之波，开眼之梦，皆能增进道心。

11.72 开口讥诮人，是轻薄第一件，不惟丧德，亦足丧身。

11.73 人之恩可念不可忘，人之仇可忘不可念。

11.74 不能受言者，不可轻与一言。此是善交法。

11.75 君子于人，当于有过中求无过，不当于无过中求有过。

［解读］ 对待朋友要宽以待之，不能吹毛求疵。

11.76 我能容人，人在我范围，报之在我，不报在我；人若容我，我在人范围，不报不知，报之不知。自重者然后人重，人轻者由我自轻。

［解读］ 有容乃大，容人的人，必为人所重，不容人的人为人所轻。这是古往今来的大道理。

11.77 高明性多疏脱，须学精严；狷介常苦迂拘，当思圆转。

［解读］ 迂拘：迂腐拘束。意思是为人不够灵活圆通。

11.78 欲做精金美玉的人品，定从烈火锻来；思立揭地掀天的事功，须向薄冰履过。

［解读］ 所谓宝剑锋从磨砺出，梅花香自苦寒来。

11.79 性不可纵，怒不可留，语不可激，饮不可过。

［解读］ 饮说的是喝酒。

11.80 能轻富贵，不能轻一轻富贵之心，能重名义，又复重一重名义之念，是事境之尘氛未扫，而心境之芥蒂未忘。此处拔除不净，恐石去而草复生矣。

11.81 纷扰固溺志之场，而枯寂亦槁心之地。故学者当栖心玄默，以宁吾真体；亦当适志恬愉，以养吾圆机。

［解读］ 心不能混乱，混乱之中六神无主，必有所失。人心安静固然好，但又不能流于枯寂，枯寂者寡趣味，少理想，生命的光芒就会渐渐黯淡下去。

11.82 昨日之非不可留，留之则根烬复萌，而尘情终累乎理趣；今日之是不可执，执之则渣滓未化，而理趣反转为欲根。

11.83 待小人不难于严，而难于不恶；待君子不难于恭，而难于有礼。

11.84 市私恩，不如扶公议；结新知，不如敦旧好；立荣名，不如种隐德；尚奇节，不如谨庸行。

［解读］ 市恩者，故意做一些事情，使别人感恩戴德，这是有目的的，终究不是良善之心。

尚奇节，说的是特立独行，好搞怪，以求别人注意。谨庸行：对待平素的小事能谨慎而为。

11.85 有一念而犯鬼神之忌，一言而伤天地之和，一事而酿子孙之祸者，最宜切戒。

11.86 不实心，不成事；不虚心，不知事。

11.87 老成人受病，在作意步趋；少年人受病，在假意超脱。

[解读]　老成人，指的是老于世故的人，这样的人过于圆滑，容易随波逐流。

11.88　为善有表里始终之异，不过假好人；为恶无表里始终之异，倒是硬汉子。

[解读]　做人要表里如一，善行与善心的统一。

11.89　入心处咫尺玄门，得意时千古快事。

11.90　《水浒传》何所不有，却无破老一事，非关缺陷，恰是酒肉汉本色。如此益知作者之妙。

11.91　世间会讨便宜人，必是吃过亏者。

11.92　书是同人，每读一篇，自觉寝食有味；佛为老友，但窥半偈，转思前境真空。

11.93　衣垢不湔，器缺不补，对人犹有惭色；行垢不湔，德缺不补，对天岂无愧心！

[解读]　湔（jiān）：洗涤。

11.94　天地俱不醒，落得昏沉醉梦；洪濛率是客，枉寻寥廓主人。老成人必典必则，半步可规；气闷人不吐不茹，一时难对。

11.95　重友者，交时极难，看得难，以故转重；轻友者，交时极易，看得易，以故转轻。

11.96 近以静事而约己，远以惜福而延生。

11.97 掩户焚香，清福已具。如无福者，定生他想。更有福者，辅以读书。

11.98 国家用人，犹农家积粟。粟积于丰年，乃可济饥；才储于平时，乃可济用。

11.99 考人品，要在五伦上见。此处得，则小过不足疵；此处失，则众长不足录。

11.100 国家尊名节，奖恬退，虽一时未见其效，然当患难仓卒之际，终赖其用。如禄山之乱，河北二十四郡皆望风奔溃，而抗节不挠者，止一颜真卿，明皇初不识其人。则所谓名节者，亦未尝不自恬退中得来也。故奖恬退者，乃所以励名节。

11.101 志不可一日坠，心不可一日放。

11.102 辩不如讷，语不如默，动不如静，忙不如闲。

11.103 以无累之神，合有道之器，宫商暂离，不可得已。

11.104 精神清旺，境境都有会心；志气昏愚，处处俱成梦幻。

11.105 酒能乱性，佛家戒之；酒能养气，仙家饮之。余于无酒时学佛，有酒时学仙。

11.106 烈士不馁，正气以饱其腹；清士不寒，青史以暖其躬；义士不死，天君以生其骸。总之手悬胸中之日月，以任世上之风波。

11.107 孟郊有句云："青山碾为尘，白日无闲人。"于邺云："白日若不落，红尘应更深。"又云："如逢幽隐处，似遇独醒人。"王维云："行到水穷处，坐看云起时。"又云："明月松间照，清泉石上流。"皎然云："少时不见山，便觉无奇趣。"每一吟讽，逸思翩翩。

［解读］ 上举四人，均为唐代诗人。

卷十二　集倩

倩不可多得，美人有其韵，名花有其致，青山绿水有其丰标。外则山癯韵士，当情景相会之时，偶出一语，亦莫不尽其韵，极其致，领略其丰标。可以启名花之笑，可以佐美人之歌，可以发山水之清音，而又何可多得！集倩第十二。

12.1　会心处，自有濠濮间想，然可亲人鱼鸟；偃卧时，便是羲皇上人，何必夏月凉风。

［解读］　《世说新语·言语》载："简文入华林园，顾谓左右曰：会心处不必在远，翳然林水，便自有濠、濮间想也，觉鸟兽禽鱼自来亲人。"此中所示之"会心处不必在远"的观念，在中唐五代之后被发展成为支撑中国美学和艺术发展的重要思想 。其中突出两个要点，一个"求会心"，物我相对关系消除，人与世界融为一体，人在自我创造的宇宙中得到心灵的安顿。二是"不在远"，就在近前，就在当下直接的体验中。在那些与物竞走、任欲奔驰的心灵中，世界是自我征服的对象，虽然近在眼前，却渺若千里。在亲近愉悦的生命观照中，世界又回到了近前，回到了与自我生命相融相即的状态中。

陶渊明《与子俨等疏》："常言五六月中，北窗下卧，遇凉风暂至，自谓是羲皇上人。"在心灵的浮游中忘怀一切，其中所体会的怡然自得，直觉羲皇上人。古质而今妍。早期社会的质朴文化，是人类永恒的财富。意大利思想家维柯曾经说过，早期的人，有一种诗性思维，他们几乎个个都是诗人。他们以诗意的目光看待这个世界。对事物感性方面的兴趣超过理性方面，他们天真活泼，是性灵的儿童。质朴，是先民文化中最重要的特性之一。陶渊明所向往的就是此一境界。

12.2 一轩明月，花影参差，席地便宜小酌；十里青山，鸟声断续，寻春几度长吟。

［解读］ 东坡说：“何夜无月，何处无竹柏，但少闲人如吾两人者耳。”这是文人艺术中的老话题，一个体现中国美学和艺术观念微妙思想的话题。为什么夜夜有月、时时有竹柏影，而我们常常体会不到这个世界的妙处？皆因人的心灵遮蔽，尘缘重重，剥蚀人的生命灵觉。而今在这静谧的夜晚，在明澈的月光下，他唤醒了自己，“还原”了生命原初的力量，焕发了发现这个“有意味世界”的能力。本条就说此一审美心胸。

12.3 入山采药，临水捕鱼，绿树阴中鸟道；扫石弹琴，卷帘看鹤，白云深处人家。

［解读］ 这条也说的是文人艺术的境界，如其中的扫石弹琴，卷帘看鹤，就是为文人津津乐道的境界。如文彭有著名的“琴罢倚松玩鹤”朱文印，创造了一个有意味的世界，一个自我生命体验的宇宙。琴声悠扬，在松柏间回荡，宾主啸傲其间，抚琴玩觞自乐，孤鹤随之而起舞，这是文人所向往的浪漫境界。

12.4 沙村竹色，明月如霜，携幽人杖藜散步；石屋松阴，白云似雪，对孤鹤扫榻高眠。

［解读］ 此境与上一条相似。

12.5 焚香看书，人事都尽，隔帘花落，松梢月上，钟声忽度；推窗仰视，河汉流云，大胜昼时，非有洗心涤虑得意爻象之表者，不可独契此语。

[解读] 爻象：《周易》每卦有六爻，每爻所处位置，是判别爻象的基础。此条说在宁静的境界中，与天地同流，契合造化之理。

12.6 纸窗竹屋，夏葛冬裘，饭后黑甜，日中白醉，足矣！

[解读] 黑甜：睡眠。

12.7 收碣石之宿雾，敛苍梧之夕云。八月灵槎，泛寒光而静去；三山神阙，湛清影以遥连。

[解读] 苍梧在潇湘，《春江花月夜》有“碣石潇湘无限路”，此两句指心灵的浮游。灵槎，传西汉张骞，曾作京兆尹，衔汉武帝之命出使西域。传说他穷黄河之源，乘着木槎，到一个地方，有城郭，见一室，内有一女织布，又见一丈夫牵牛饮河。牛郎织女的故事便由此来。三山，指道教所说的海上蓬莱、瀛洲、方壶三座神山。

12.8 空三楚之暮天，楼中历历；满六朝之故地，草际悠悠。

12.9 秋水岸移新钓舫，藕花洲拂旧荷裳。心深不灭三年字，病浅难销寸步香。

[解读] 这一条写思念之情。心深不灭三年字，古人说，墨染纸，三年字不昏暗者为上。此句写心中的思念很深，经久而不灭。

12.10 赵飞燕歌舞自赏，仙风留于绉裙；韩昭侯颦笑不轻，俭德昭于敝裤。皆以一物著名，局面相去甚远。

[解读] “韩昭侯颦笑不轻，俭德昭于敝裤”两句：《韩非子》说：“韩昭侯使人藏敝袴，侍者曰：‘君亦不仁矣，敝袴不以赐左右，而藏之。’昭侯曰：‘非子之所知也，吾闻明主之爱一嚬一笑，嚬有为嚬，而

笑有为笑，今夫袴岂特嚬笑哉。袴之与嚬笑远矣，吾必待有功者，故收藏之，未有予也。’”

12.11 翠微僧至，衲衣皆染松云；斗室残经，石磬半沉蕉雨。

12.12 黄鸟情多，常向梦中呼醉客；白云意懒，偏来僻处媚幽人。

12.13 乐意相关禽对语，生香不断树交花，是无彼无此真机；野色更无山隔断，天光常与水相连，此彻上彻下真境。

[解读] “乐意相关禽对语，生香不断树交花”等四句，为宋代理学家石延年之诗。

12.14 美女不尚铅华，似疏云之映淡月；禅师不落空寂，若碧沼之吐青莲。

[解读] 前一句说平淡之美。后一句说不落空寂。皆为传统审美之重要观念。

12.15 书者喜谈画，定能以画法作书；酒人好论茶，定能以茶法饮酒。

12.16 诗用方言，岂是采风之子；谈邰俳语，恐贻拂麈之羞。

[解读] 俳语：俳优谐谑之语。

12.17 肥壤植梅花，茂而其韵不古；沃土种竹枝，盛而其质不坚。竹径松篱，尽堪娱目，何非一段清闲；园亭池榭，仅可容身，便是半生受用。

［解读］　此一条说园艺之境界。明文震亨《长物志》说：“乃若庭除槛畔，必以虬枝古干，异种奇名，枝叶扶疏，位置疏密，或水边石际，横偃斜披，或一望成林，或孤枝独秀，草花不可繁杂，随处植之，取其四时不断，皆入图画。又如桃李不可植于庭除，似宜远望，红梅绛桃，俱借以缀林中，不宜多植。梅生山中，有苔藓者，移置药栏最古。杏花差不耐久，开时多值风雨，仅可作片时玩，蜡梅冬月最不可少。”此中就谈到园中花木之趣味。

12.18 南涧科头，可任半帘明月；北窗坦腹，还须一榻清风。

［解读］　科头：指不戴巾，指潇洒而不墨守陈规的境界。王维诗云：“绿树重阴盖四邻，青苔日厚自无尘。科头箕踞长松下，白眼看君是甚人。”

12.19 披帙横风榻，邀棋坐雨窗。

12.20 洛阳每遇梨花时，人多携酒树下，曰：“为梨花洗妆。”

［解读］　《唐余录》说：“洛阳梨花时，人多携酒其下，曰：‘为梨花洗妆。’”

12.21 绿染林皋，红销溪水。几声好鸟斜阳外，一簇春风小院中。

12.22 有客到柴门，清尊开江上之月；无人剪蒿径，孤榻对雨中之山。

12.23 恨留山鸟，啼百卉之春红；愁寄陇云，锁四天之暮碧。

12.24 涧口有泉常饮鹤，山头无地不栽花。

12.25 双杵茶烟，具载陆君之灶；半床松月，且窥扬子之书。

[解读] 陆君：指茶圣陆羽。

扬子：指扬雄。

12.26 寻雪后之梅，几忙骚客；访霜前之菊，颇惬幽人。

[解读] 雪后寻梅，霜前护菊，古人所推崇的诗意境界。

12.27 帐中苏合，全消雀尾之炉；槛外游丝，半织龙须之席。

[解读] 南朝江总《闺怨》诗云："寂寂青楼大道边，纷纷白雪绮窗前。池上鸳鸯不独自，帐中苏合还空然。屏风有意障明月。灯火无情照独眠。辽西水冻春应少，蓟北鸿来路几千。愿君关山及早度，念妾桃李片时妍。"

12.28 瘦竹如幽人，幽花如处女。

12.29 晨起推窗，红雨乱飞，闲花笑也；绿树有声，闲鸟啼也；烟岚灭没，闲云度也；藻荇可数，闲池静也；风细帘青，林空月印，闲庭峭也。山扉昼扃，而剥啄每多闲侣；帖括因人，而几案每多闲编。绣佛长斋，禅心释谛，而念多闲想，语多闲词。闲中滋味，洵足乐也。

[解读] 帖括：科举之文。

12.30 鄙吝一消，白云亦可赠客；渣滓尽化，明月亦来照人。

12.31 水流云在，想子美千载高标；月到风来，忆尧夫一时雅致。何以消天上之清风朗月，酒盏诗筒；何以谢人间之覆雨翻云，闭门高卧。

[解读] “水流心不竞，云在意俱迟”，为杜甫所作。尧夫：宋代哲学家邵雍。

12.32 高客留连，花木添清疏之致；幽人剥啄，莓苔生淡冶之容。雨中连榻，花下飞觞。进艇长波，散发弄月。紫箫玉笛，飒起中流。白露可餐，天河在袖。

12.33 午夜箕踞松下，依依皎月，时来亲人，亦复快然自适。

[解读] 此化用唐人诗意。如前引王维的“科头箕踞长松下，白眼看君是甚人”。

12.34 香宜远焚，茶宜旋煮，山宜秋登。

12.35 中郎赏花云："茗赏上也，谈赏次也，酒赏下也。茶越而崇酒，及一切庸秽凡俗之语，此花神之深恶痛斥者。宁闭口枯坐，勿遭花恼可也。"

［解读］ 中郎：明代文学家袁宏道。此出自袁宏道的《瓶史》之十《清赏》："茗赏者上也，谭赏者次也，酒赏者下也。若夫内酒越茶及一切庸秽凡俗之语，此花神之深恶痛斥者。宁闭口枯坐，勿遭花恼可也。"

12.36 赏花有地有时，不得其时而漫然命客，皆为唐突。寒花宜初雪，宜雨霁，宜新月，宜暖房；温花宜晴日，宜轻寒，宜华堂；暑花宜雨后，宜快风，宜佳木浓阴，宜竹下，宜水阁；凉花宜爽月，宜夕阳，宜空阶，宜苔径，宜古藤巉石边。若不论风日，不择佳地，神气散缓，了不相属，比于妓舍酒馆中花，何异哉！

［解读］ 此出自袁宏道的《瓶史》之十《清赏》，原文为："夫赏花有地有时，不得其时而漫然命客，皆为唐突。寒花宜初雪，宜雪霁，宜新月，宜暖房，温花宜晴日，宜轻寒，宜华堂暑月，宜雨后，宜快风，宜佳木荫，宜竹下，宜水阁凉花，宜爽月，宜夕阳，宜空阶，宜苔径，宜古藤巉石边，若不论风日，不择佳地，神气散缓，了不相属，此与妓舍酒馆中花何异哉！"

12.37 云霞争变，风雨横天，终日静坐，清风洒然。

12.38 妙笛至山水佳处，马上临风，快作数弄。

12.39 心中事，眼中景，意中人。

12.40 园花按时开放，因即其佳称待之以客。梅花索笑客，桃花销恨客，杏花倚云客，水仙凌波客，牡丹酣酒客，芍药占春客，萱草忘忧客，莲花禅社客，葵花丹心客，海棠昌州客，桂花青云客，菊花招隐客，兰花幽谷客，酴醾清叙客，腊梅远寄客。须是身闲，方可称为主人。

［解读］ 酴醾（tú mí）：花名。

12.41 马蹄入树鸟梦坠，月色满桥人影来。

12.42 无事当看韵书，有酒当邀韵友。

12.43 红蓼滩头，青林古岸，西风扑面，风雪打头，披蓑顶笠，执竿烟水，俨在米芾《寒江独钓图》中。

［解读］ 明高濂《遵生八笺》之《起居安乐笺》引臞仙云："或于红蓼滩头，或在青林古岸，或值西风扑面，或教飞雪打头，于是披蓑顶笠，执竿烟水，俨在米芾寒江独钓图中，比之严陵渭水不亦高哉！"

12.44 冯惟一以杯酒自娱，酒酣即弹琵琶，弹罢赋诗，诗成起舞。时人爱其俊逸。

［解读］ 冯惟一：冯吉，字惟一，五代时仕晋和周，官至太常少卿。

12.45 风下松而合曲，泉萦石而生文。

［解读］ 此为南朝陶弘景《寻山志》中的文字。

12.46 秋风解缆，极目芦苇，白露横江，情景凄绝。孤雁惊飞，秋色远近，泊舟卧听，沽酒呼卢，一切尘事，都付秋水芦花。

12.47 设禅榻二，一自适，一待朋。朋若未至，则悬之。敢曰陈蕃之榻，悬待孺子，长史之榻，专设休源，亦惟禅榻之侧，不容着俗人膝耳，诗魔酒颠，赖此榻祛醒。

[**解读**] 东汉豫章名士徐孺子为陈蕃所重，陈作豫章太守时，不接待宾客，但特设一榻接待徐孺子，可见其贤能。名士郭林宗欲与其商量国是，徐孺子却托朋友转告他："为我谢郭林宗，大树将颠，非一绳所维，何为栖栖不遑宁处?"

孔休源为晋安王长史，武帝对安王说："孔休源，人伦仪表，当师事之。"

12.48 留连野水之烟，淡荡寒山之月。

12.49 春夏之交，散行麦野；秋冬之际，微醉稻场。欣看麦浪之翻银，积翠直侵衣带；快睹稻香之覆地，新醅欲溢尊罍。每来得趣于庄村，宁去置身于草野。

12.50 羁客在云村，蕉雨点点，如奏笙竽，声极可爱。山人读《易》《礼》，斗后骑鹤以至，不减闻韶也。

12.51 阴茂树，濯寒泉，溯冷风，宁不爽然洒然！

12.52 韵言一展卷间，恍坐冰壶而观龙藏。

12.53 春来新笋，细可供茶；雨后奇花，肥堪待客。

12.54 赏花须结豪友，观妓须结淡友，登山须结逸友，泛舟须结旷友，对月须结冷友，待雪须结艳友，捉酒须结韵友。

12.55 问客写药方，非关多病；闭门听野史，只为偷闲。

12.56 岁行尽矣，风雨凄然，纸窗竹屋，灯火青荧，时于此间得小趣。

12.57 山鸟每夜五更喧起五次，谓之报更，盖山间率真漏声也。分韵题诗，花前酒后；闭门放鹤，主去客来。

12.58 插花着瓶中，令俯仰高下，斜正疏密，皆有意态，得画家写生之趣，方佳。

[解读] 此为明末陈继儒所言。

12.59 法饮宜舒，放饮宜雅，病饮宜少，愁饮宜醉，春饮宜郊，夏饮宜洞，秋饮宜舟，冬饮宜室，夜饮宜月。

12.60 甘酒以待病客，辣酒以待饮客，苦酒以待豪客，淡酒以待清客，浊酒以待俗客。

12.61 仙人好楼居，须岧峣轩敞，八面玲珑，舒目披襟，有物外之观，霞表之胜。宜对山，宜临水；宜待月，宜观霞；宜夕阳，宜雪月；宜岸帻观书，宜倚栏吹笛；宜焚香静坐；宜挥麈清谈。江干宜帆影，山麓宜烟岚；院落宜杨柳，寺观宜松篁；溪边宜渔樵、宜鹭鸶，花前宜娉婷、宜鹦鹉；宜翠雾霏微，宜银河清浅；宜万里无云，长空如洗；宜千林雨过，叠嶂如新；宜高插江天，宜斜连城郭；宜开窗眺海日，宜露顶卧天风；宜啸，宜咏；宜终日敲棋；宜酒，宜诗，宜清宵对榻。

[解读]　此条颇得中国赏园重意境之趣味。

12.62　良夜风清，石床独坐，花香暗度，松影参差。黄鹤楼可以不登，张怀民可以不访，《满庭芳》可以不歌。

[解读]　张怀民可以不访：东坡曾夜至承天寺，寻张怀民，相与步于中庭。说出“何夜无月，何处无竹柏”的感慨。

12.63　茅屋竹窗，一榻清风邀客；茶炉药灶，半帘明月窥人。

12.64　娟娟花露，晓湿芒鞋；瑟瑟松风，凉生枕簟。

12.65　绿叶斜披，桃叶渡头，一片弄残秋月；青帘高挂，杏花村里，几回典却春衣。

12.66　杨花飞入珠帘，帨巾洗砚；诗草吟成锦字，烧竹煎茶。良友相聚，或解衣盘礴，或分韵角险，顷之貌出青山，吟成丽句，从旁品题之，大是开心事。

[解读]　解衣盘礴：《庄子》中有个作画故事，其云：“宋元君将画图，众史皆至，受揖而立；舐笔和墨，在外者半。有一史后至者，亶亶然不趋，受揖不立，因之舍。公使人视之，则解衣盘礴，裸。君曰：

可矣，是真画者也。”这故事反映的是一种境界，它受到历代艺术家的称道，它无拘无束、一任自然，在宁静的心灵中涌起深层的活力。解衣盘礴，就是一种自由的境界。

12.67 木枕傲，石枕冷，瓦枕粗，竹枕鸣。以藤为骨，以漆为肤，其背圆而滑，其额方而通。此蒙庄之蝶庵，华阳之睡几。

12.68 小桥月上，仰盼星光，浮云往来，掩映于牛渚之间，别是一种晚眺。

12.69 医俗病莫如书，赠酒狂莫如月。

12.70 明窗净几，好香苦茗，有时与高衲谈禅；豆棚菜圃，暖日和风，无事听友人说鬼。

12.71 花事乍开乍落，月色乍阴乍晴，兴未阑，踌躇搔首；诗篇半拙半工，酒态半醒半醉，身方健，潦倒放怀。

12.72 湾月宜寒潭，宜绝壁，宜高阁，宜平台，宜窗纱，宜帘钩；宜苔阶，宜花砌，宜小酌，宜清谈，宜长啸，宜独往，宜搔首，宜促膝。春月宜尊罍，夏月宜枕簟，秋月宜砧杵，冬月宜图书。楼月宜箫，江月宜笛；寺院月宜笙，书斋月宜琴。闺闱月宜纱幮，勾栏月宜弦索；关山月宜帆樯，沙场月宜刁斗。花月宜佳人，松月宜道者；萝月宜隐逸，桂月宜俊英；山月宜老衲，湖月宜良朋；风月宜杨柳，雪月宜梅花。片月宜花梢，宜楼头；

宜浅水，宜杖藜；宜幽人，宜孤鸿。满月宜江边，宜苑内；宜绮筵，宜华灯；宜醉客，宜妙妓。

［解读］ 此条言赏月之法，古往今来论此者多矣，要在意境悠远，有回味空间。

12.73 佛经云："细烧沉水，毋令见火。"此烧香三昧语。

［解读］ 出自《首楞严经》，原文为："纯烧沉水，无令见火。"

12.74 石上藤萝，墙头薜荔，小窗幽致，绝胜深山。加以明月清风，物外之情，尽堪闲适。

［解读］ 这本《小窗幽记》的辑录，重视的就是"小窗幽致"，此条可谓点题。

12.75 出世之法，无如闭关。计一园手掌大，草木蒙茸，禽鱼往来，矮屋临水，展书匡坐，几于避秦，与人世隔。

12.76 山上须泉，径中须竹。读史不可无酒，谈禅不可无美人。

12.77 幽居虽非绝世，而一切使令供具交游晤对之事，似出世外。花为婢仆，鸟为笑谈；溪漱涧流代酒肴烹炼，书史作师保，竹石质友朋；雨声云影，松风萝月，为一时豪兴之歌舞。情景固浓，然亦清趣。

［解读］ 此条谈清趣，亦放诞之趣味。雨声云影，松风萝月，乃解人境界之独辟。

12.78 蓬窗夜启，月白于霜，渔火沙汀，寒星如聚。忘却客子作楚，但欣烟水留人。

12.79 无欲者其言清，无累者其言达。口耳巽人，灵窍忽启，故曰不为俗情所染，方能说法度人。

12.80 临流晓坐，欸乃忽闻，山川之情，勃然不禁。

［解读］ 柳宗元诗："烟消日出不见人，欸乃一声山水绿。"

12.81 舞罢缠头何所赠，折得松钗；饮余酒债莫能偿，拾来榆荚。

12.82 午夜无人知处，明月催诗；三春有客来时，香风散酒。

12.83 如何清色界，一泓碧水含空；那可断游踪，半砌青苔殢雨。村花路柳，游子衣上之尘；山雾江云，行李担头之色。

［解读］ 殢（tì）：滞留。

12.84 何处得真情，买笑不如买愁；谁人效死力，使功不如使过。

12.85 芒鞋甫挂，忽想翠微之色，两足复绕山云，兰棹方停，忽闻新涨之波，一叶仍飘烟水。

12.86 旨愈浓而情愈淡者，霜林之红树；臭愈近而神愈远者，秋水之白蘋。

12.87 龙女濯冰绡，一带水痕寒不耐；姮娥携宝药，半囊月魄影犹香。

［解读］ 姮娥：又作嫦娥。

12.88 山馆秋深，野鹤唳残清夜月；江园春暮，杜鹃啼断落花风。石洞寻春，绿玉嵌乌藤之杖；苔矶垂钓，红翎间白鹭之蓑。晚村人语，远归白社之烟；晓市花声，惊破红楼之梦。

［解读］ 此一条所谈境界，文人多言之，不同的空间，人造临有不同的体验。境因人而得显。

12.89 案头峰石，四壁冷浸烟云，何与胸中丘壑；枕边溪涧，半榻寒生瀑布，争如舌底鸣泉。

12.90 扁舟空载，赢却关津不税愁；孤杖深穿，揽得烟云闲入梦。

12.91 幽堂昼密，清风忽来好伴；虚窗夜朗，明月不减故人。

12.92 晓入梁王之苑，雪满群山；夜登庾亮之楼，月明千里。

［解读］ 梁王之苑：西汉景帝时，梁王刘武曾作苑囿名，梁园，此园规模宏大。

庾亮：东晋时著名文学家。庾亮之楼代指风流儒雅之场所。唐卢纶有诗云：“坦腹定逢潘令醉，上楼应伴庾公闲。”

12.93 名妓翻经，老僧酿酒，书生借箸，谈兵介胄，登高作赋，羡他雅致偏增；屠门食素，狙侩论文，厮养盛服，领缘方外，束修怀刺，令我风流顿减。

12.94 高卧酒楼，红日不催诗梦醒；漫书花榭，白云恒带墨痕香。

12.95 相美人如相花，贵清艳而有若远若近之思；看高人如看竹，贵潇洒而有不密不疏之致。

12.96 梅称清绝，多却罗浮一段妖魂；竹本萧疏，不耐湘妃数点愁泪。

12.97 穷秀才生活，整日荒年；老山人出游，一派熟路。

12.98 眉端扬未得，庶几在山月吐时；眼界放开来，只好向水云深处。

［解读］ 庶几：大概。

12.99 刘伯伦携壶荷锸，死便埋我，真酒人哉；王武仲闭关护花，不许踏破，直花奴耳。

［解读］ 刘伯伦携壶荷锸：刘伶，字伯伦，肆意放荡，以宇宙为狭，常乘鹿车，携一壶酒，派人拿着一把铁锹随之，说：“死了，便掘地以埋。”荷锸，拿着铁锹。

“王武仲”句：晋王武仲隐居，羊欣相访，武仲曰：“君子宜去，吾不可启关，恐踏碎满径落花。”

12.100 一声秋雨，一行秋雁，消不得一室清灯；一月春花，一池春草，绕乱却一生春梦。

12.101 夭桃红杏，一时分付东风；翠竹黄花，从此永为闲伴。

12.102 花影零乱，香魂夜发，冁然而喜。烛既尽，不能寐也。

［解读］ 冁（chǎn）然：微笑的样子。

12.103 花阴流影，散为半院舞衣；水响飞音，听来一溪歌板。

12.104 一片秋色，能疗客病；半声春鸟，偏唤愁人。

12.105 会心之语，当以不解解之；无稽之言，是在不听听耳。

12.106 云落寒潭，涤尘容于水镜；月流深谷，拭淡黛于山妆。

12.107 寻芳者追深径之兰，识韵者穷深山之竹。

12.108 花间雨过，蜂粘几片蔷薇；柳下童归，香散数茎薝蔔。

［解读］ 薝蔔（zhān bó）：佛经中记载的一种花，原产于印度，花甚香。

12.109 幽人到处烟霞冷，仙子来时云雨香。

12.110 落红点苔，可当锦褥；草香花媚，可当娇姬。草逆则山鹿溪鸥，鼓吹则水声鸟啭。毛褐为纨绮，山云作主宾。和根野菜，不酿侯鲭；带叶柴门，奚输甲第。

［解读］ 侯鲭（hòu qīng）：美味。

12.111 野筑郊居，绰有规制：茅亭草舍，棘垣竹篱，构列无方，淡宕如画，花间红白，树无行款。徜徉洒落，何异仙居？

12.112 墨池寒欲结，冰分笔上之花；炉篆气初浮，不散帘前之雾。青山在门，白云当户，明月到窗，凉风拂座。胜地皆仙，五城十二楼，转觉多设。

12.113 何为声色俱清？曰：松风水月，未足比其清华。何为神情俱彻？曰：仙露明珠，讵能方其朗润。

12.114 逸字是山林关目，用于情趣，则清远多致；用于事务，则散漫无功。

12.115 宇宙虽宽，世途眇于鸟道；征逐日甚，人情浮比鱼蛮。

［解读］　鱼蛮：渔民。

12.116　柳下舣舟，花间走马，观者之趣，倍过个中。

［解读］　舣（yǐ）舟：泊舟。

12.117　问人情何似？曰：野水多于地，春山半是云。问世事何似？曰：马上悬壶浆，刀头分顿肉。

12.118　尘情一破，便同鸡犬为仙；世法相拘，何异鹤鹅作阵。

12.119　清恐人知，奇足自赏。

12.120　与客到，金樽醉来一榻，岂独客去为佳；有人知，玉律回车三调，何必相识乃再。笑元亮之逐客何迂，羡子猷之高情可赏。

［解读］　子猷：晋王徽之。他极喜种竹，所居周围，全种上竹子，他说："宁可食无肉，不可居无竹。无肉令我瘦，无竹令我俗。"其高情可见。

12.121　高士岂尽无染，莲为君子，亦自出于污泥；丈夫但论操持，竹作正人，何妨犯以霜雪。

12.122　东郭先生之履，一贫从万古之清；山阴道士之经，片字收千金之重。

[解读]　“山阴道士”二句：王羲之为东晋书法名家，所作字为世所珍重，但并不轻易为人题写，然生性爱鹅，会稽山阴有一道士邀其写《黄庭经》，将所养好鹅，举群相赠，这便是“黄庭换鹅”的典故，事见《晋书·王羲之传》。

12.123　管辂请饮后言，名为酒胆；休文以吟致瘦，要是诗魔。

[解读]　管辂：三国时人，史学家。

休文：沈约，字休文。

12.124　因花索句，胜他牍奏三千；为鹤谋粮，赢我田耕二顷。

12.125　至奇天惊，至美无艳。

12.126　瓶中插花，盆中养石，虽是寻常供具，实关幽人性情。若非得趣，个中布置，何能生致！

12.127　舌头无骨，得言语之总持；眼里有筋，具游戏之三昧。

12.128　湖海上浮家泛宅，烟霞五色足资粮；乾坤内狂客逸人，花鸟四时供啸咏。

12.129　养花，瓶亦须精良，譬如玉环、飞燕不可置之茅茨，嵇阮贺李不可请之店中。

［解读］　嵇阮贺李：指嵇康、阮籍、贺知章和李白。

12.130　才有力以胜蝶，本无心而引莺；半叶舒而岩暗，一花散而峰明。

12.131　玉槛连彩，粉壁迷明。动鲍昭之诗兴，销王粲之忧情。

［解读］　鲍昭：即南朝宋诗人鲍照。

王粲：建安七子之一。

12.132　急不急之辨，不如养默；处不切之事，不如养静；助不直之举，不如养正；恣不禁之费，不如养福；好不情之察，不如养度；走不实之名，不如养晦；近不祥之人，不如养愚。

12.133　诚实以启人之信我，乐易以使人之亲我，虚己以听人之教我，恭己以取人之敬我，奋发以破人之量我，洞彻以备人之疑我，尽心以报人之托我，坚持以杜人之鄙我。

附　录

附录一

乾隆三十五年（1770）《小窗幽记》陈本敬序

太上立德，其次立言。言者心声，而人品学术，恒由此见焉。无论词躁、词憸、词烦、词支，徒蹈尚口之戒。倘语大而夸，谈理而腐，亦岂可以为训乎？然则欲求传世行远，名山不朽，必贵有以居其要矣。

眉公先生，负一代盛名，立志高尚，著述等身，曾集《小窗幽记》以自娱。汇天地之秘笈，撷经史之菁华，语带烟霞，韵谐金石。醒世持世，一字不落言筌。挥麈风生，直夺清谈之席；解颐语妙，常发斑管之花。所谓端庄杂流漓，尔雅兼温文，有美斯臻，无奇不备，夫岂卮言无当，徒以资覆瓿之用乎？许昌崔维东博好学古，欲付剞劂，以公同好，问序于余。因不辞谫陋，特为之弁言简端。

乾隆三十五年，岁次庚寅春月，昌平陈本敬仲思氏书于聚星书院之谢青堂。

附录二

明天启甲子（1624）《醉古堂剑扫》陆绍珩序

昔人云：一愿识尽世间好人，二愿读尽世间好书，三愿看尽世间好山水。或曰：尽则安能？但身到处，莫放过耳。旨哉言乎！余性懒，逢世一切炎热争逐之场，了不关情。惟是高山流水，任意所如，遇翠丛紫莽，竹林芳径，偕二三知己，抱膝长啸，欣然忘归，加以名姝凝眄，素月入怀，轻讴缓板，远韵孤箫，青山送黛，小鸟兴歌，侪侣忘机，茗酒随设，余心最欢，乐不可极。若乃闭关却扫，图史杂陈，古人相对，百城坐列，几榻之余，绝不闻户外事，则又如桃源人，尚不识汉世，又安论魏晋哉？此其乐，更未易一二为俗人言也。第才非梦鸟，学惭半豹，而一往神来，兴会勃不能已，遂如司马公案头常置数簿，每遇嘉言格论、丽词醒语，不问古今，随手辄记。卷以部分，趣缘旨合。用浇胸中傀儡，一扫世态俗情。致取自娱，积而成帙。今秋落魄京邸，睹此寂寂，使邓禹笑人，未免有情，亦复谁能遣此？因共友人，问雨花之址，寻采石之岩，江山历落，使我怀古之情更深，乃出所手录，快读一过，恍觉百年幻泡，世事棋枰，向来傀儡，一时俱化。虽断蛟剸笔之利，亦不过是。友人鼓掌叫绝曰：此真热闹场一剂清凉散矣。夫镆邪钝兮铅刀割，君有笔兮杀无血，可题《剑扫》，付之剞劂。

予曰：一编自手，率尔问世，得无为腹笥武库者嗤乎？予笥不能尽书，余目不能尽笥，余手不能尽目，安用此戋戋者？友曰：不然。清史浇肠，筏言洗胃。片语只字，皆可会心。但莫放过，何以多为？余唯唯。搦管书之，以识予逢世之拙，聊以斯编寄趣云。

时甲子重阳，陆绍珩题。

附录三
《醉古堂剑扫》采用书目

史记
汉书
渊明别传
唐书
唐语林
唐世说
鲁望集
欧阳漫录
东坡外稿
山海经
博物志
苏米潭史
古逸史
世说新语（补正）
皇明通纪
明世说
太平广记
玉堂闲话
见闻纪训
杨升庵丽句
尧山堂外纪
冷斋夜话

挑灯集
初潭集
唐伯虎集
祝枝山集
遵生八笺
眉公秘笈
松窗杂录
国史
婆娑园语
何氏语林
岩栖幽事
倩园快语
王百谷集
招隐集
清适编
芸窗清赏
小窗五纪
舌华录
白氏长庆集
骆宾王集
汉武内传
青楼韵语
李氏藏书
徐文长集
焦太史集
三袁文集

漱石闲谈
闲情小品